JN059124

otonano
ensoku
book +

はじめての
野鳥観察

オナガ

あなたの舞う姿をいつまでも見ていたい
命を懸けて海を越える姿を
当たり前に繰り返されることだとしても
愛さずにいられないから。

　●P2-5写真・文　Kankan

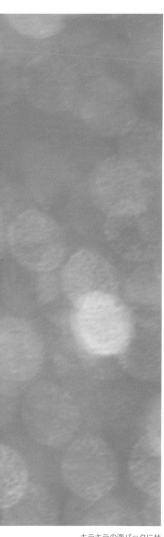

樹々の間からひょっこり
姿を見せるアオゲラ。
じつは日本固有種です。

鳥 と の 出 会 い は 、 心 の チ カ ラ に
な っ て く れ る の で す 。

早春の森でかわいい出会いがありました。
花粉で顔を黄色くしたコガラです。

キラキラの海バックにサ
シバ。子育てを終え、南
の越冬地に渡ります。

深く生命力に満
ちた森。サルオ
ガセをまとう枝
でダンスするコ
マドリ。

ルリビタキが、このラピ
スの青を纏うまで3年か
かると言われます。

咲き始めた春にひらりと
舞うコミミズク。正面顔、
かわいいですよね。

鳥たちがご機嫌で
過ごせる場所って、
生命がご機嫌に
なれる場所なんです。
わたしたちもまた、
いやされるのは
当たり前ですね！

田植えの終わった水田にセイタカシ
ギ。日本の原風景かもしれません。

かわいいにんじんがいっぱい。ミヤコドリは干潟のアイドルなのです。

CONTENTS

野鳥観察の基本

〈 表紙のイラスト 〉

①シマエナガ ②オシドリ ③カンムリカイツブリ ④オオワシ ⑤キビタキ ⑥ルリビタキ ⑦メジロ ⑧クロツラヘラサギ ⑨キクイタダキ ⑩シマアオジ ⑪ノゴマ ⑫ヤマガラ ⑬アホウドリ ⑭ヒヨドリ ⑮ヨタカ ⑯キジ ⑰タゲリ

鳥たちのいるところ

Column

野鳥図鑑　027

探鳥地ガイド

Column

はじめに

野鳥観察は気軽に楽しく始められる趣味です。
ふだん通っている道や公園にも鳥はたくさんいますし、
ちょっと耳をすませば木の上のほうから鳥の鳴き声が聞こえてきます。
野鳥を見つづけて50年。私はたくさんのことを鳥たちから学びました。
そこで、今まで皆さんから寄せられた質問に答えるかたちで、
野鳥観察の魅力をお伝えしようと思います。

「野鳥」って、どういう鳥なの？

野鳥とは野生の鳥のことです。籠の中で飼われている鳥も、先祖は、みんな自然の中に住み、自分で餌をとって暮らしていました。体の構造や習性も含め、野鳥も、飼い鳥もルーツは同じです。

野鳥って何種類くらい、いるの？

現在はDNA鑑定が野鳥の分類にも導入されて、どんどん細分化が進み、増え続けています。全世界では11000種を優に超え、そのうち日本では700種ほどが記録されています。

近くで見られるの？

多くの野鳥は昼間活動していて、姿が見えやすいように思いますが、基本的には人間を警戒して過ごしています。このため、適度な距離を保って観察することが大事です。鳥の姿を見かけたら、まず、そこで立ち止まりましょう。近くで見ることだけが野鳥観察ではありません。双眼鏡を活用すれば楽しみの範囲が広がりますし、自分の目で探して見つけることができたら喜び倍増です。

野鳥観察って楽しいの？

私たちヒトだけが地球で暮らしているわけではありません。木も花も、獣も、虫も、魚もみんな地球上で共に生きる仲間です。その仲間たちの暮らしを一番身近に感じさせてくれるのが野鳥です。
自然の摂理のなかで懸命に生きる鳥たちの、豊かな表情や
美しい羽色、多彩なさえずり、渡り鳥が運んできてくれるドラマなど、
知るほどに楽しくなるのが野鳥観察です。

特におすすめの季節や時間帯はあるの？

四季を通して、早朝、日の出から2時間くらいが一番、野鳥が活発に動く時間帯です。また、冬は木々の葉が落ちて見通しがよくなるため、多くの鳥を見つけることができます。

マナー

野鳥観察をする上で一番大切なことは、
鳥を驚かさないこと。
そして鳥のいる環境を壊さないことです。

野鳥観察の基本は

| 見つける | 見わける | 見まもる |

の3つです。同じ地球に生きるものとして敬意をもって接しましょう！

監修者プロフィール

谷口高司
（たにぐちたかし）

1947年 東京都杉並区生まれ。早稲田大学卒業。日本野鳥の会発足の地、善福寺池傍で幼少より過ごす。野鳥図鑑を一冊まるごと描く画家として知られ、米国スミソニアン自然史博物館から日本人初の作画指名を受けるなど、国内外で活躍。講演会や個展で全国各地を飛び回っている。元日本野鳥の会評議員。監修・著書は本書で50冊目となる。

この本の見かた

この本は大きく分けて「野鳥図鑑」と「探鳥地ガイド」の二つから構成されています。
野鳥図鑑編には200の鳥を、探鳥地ガイド編には55の探鳥地を収録、掲載しています。この二つのページの見かた・読みかたを記します。

野鳥図鑑の見かた

　日本で現在、身近に見ることのできる鳥を「街の中にいる鳥」「森林の鳥」「水辺の鳥」など、環境別に分けて紹介しています。1ページに4種を掲載し、その鳥を観察できる時期や、食べているエサ、その鳥が見られる場所をアイコンで表示。目安となる鳥、体長・翼開長についても記し、説明文を付けました。これらはおおよその表記ですので、なかには違う場所や時期に見られたり、ほかの食べ物を食べることもあります。

この鳥が見られる時期および移動の習性

留 ほぼ一年中、同じ場所に暮らす鳥　　旅 渡りの途中に日本を通過する鳥

夏 夏になると繁殖のために日本に来る鳥　　漂 繁殖地と越冬地が違う鳥

冬 冬になると越冬のために日本に来る鳥　　通年 春〜秋 見られる時期を表します

食べるもの

- イモ虫
- 毛虫
- 飛ぶ虫
- 樹の虫
- 草の実
- 水草
- 木の実
- 果実
- 花の蜜
- 地中の生き物
- 地表の生き物
- 魚など
- 干潟の生き物
- プランクトン
- 小鳥
- カエル
- 小動物
- 雑食

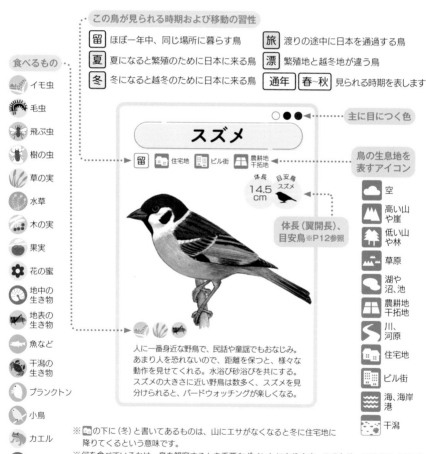

主に目につく色

スズメ

留　住宅地　ビル街　農耕地干拓地

体長 14.5cm　目安鳥スズメ

体長（翼開長）、目安鳥※P12参照

鳥の生息地を表すアイコン

- 空
- 高い山や崖
- 低い山や林
- 草原
- 湖や沼、池
- 農耕地干拓地
- 川、河原
- 住宅地
- ビル街
- 海、海岸港
- 干潟

人に一番身近な野鳥で、民話や童謡でもおなじみ。あまり人を恐れないので、距離を保つと、様々な動作を見せてくれる。水浴び砂浴びを共にする。スズメの大きさに近い野鳥は数多く、スズメを見分けられると、バードウォッチングが楽しくなる。

※ の下に（冬）と書いてあるものは、山にエサがなくなると冬に住宅地に降りてくるという意味です。

※何を食べているかは、鳥を観察するとき重要なポイントになります。このため、エサのアイコンを細分化しました。例えば、「地表の生き物」は地面を中心に暮らしているバッタなどのこと、「地中の生き物」はコガネムシの幼虫やミミズなど、「樹の虫」は樹皮の中に潜むカミキリムシなどの幼虫を、「干潟の生き物」は海水で濡れているエリアにいるカニやゴカイなどを表します。

探鳥地ガイドの見かた

　はじめて野鳥観察をする人のために、比較的行きやすく、観察しやすい場所を取り上げました。日本全国から選りすぐりの探鳥地を、その場所に詳しいエキスパートが紹介し、その地で見られる主な鳥を記載しています。

　各探鳥地の写真と説明文で概要を知っていただき、右ページの「探鳥アドバイス」や、野鳥の写真、鳥マップを活用して、実際に観察する際のガイドブックとしてお役立てください。

　それ以外に書きれなかった情報は、最下部の「周辺情報」にまとめました。また、欄外の「ここで暮らす鳥に会えます」「このエリアで見られる時期」はあくまで目安ですので、違う場所・シーズンに鳥が現れることもあります。

ここで見られる鳥の正面顔 ……

探鳥地名

ここで見られる時期

探鳥アドバイス

この探鳥地の紹介文

鳥の生息地を表すアイコン

周辺情報

データ欄 ……

鳥マップ ……

11

野鳥観察の基本

野鳥観察（バードウォッチング）に特別なルールはありません。

庭先で、旅先で、いつでもどこでも楽しむことができます。

鳥を見つけて、名前を覚えて、鳥を見分けられるようになると、

バードウォッチングがより楽しくなります。

ここでは、野鳥を見分ける重要なポイントを紹介します。

目安鳥を覚えましょう

　鳥の存在を意識し観察するには、目安となる鳥の大きさを知ることが大事です。

　どこにでもいるスズメ、ハト、カラスを目安にして、出会った鳥を見比べてみましょう。本書ではこれにムクドリを加えました。この4種の大きさを覚えておくと、ほかの鳥を見つけたときに識別するポイントになります。

　また、この大きさには収まらない大型の鳥も存在します。

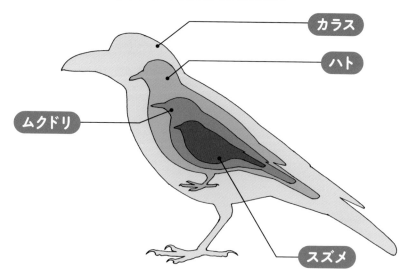

カラス

ハト

ムクドリ

スズメ

12

鳥は種類によっていろいろなプロポーションをしています。オオルリやホオジロは木のてっぺんで胸をそらしてさえずります。体を立ててとまる鳥、水平にとまる鳥もいます。水辺の鳥でもカモとサギではシルエットが違います。

　鳥は生きていく環境に合わせて、進化を遂げてきました。シルエットを覚えれば、環境からそこに生息する鳥の種類の見当がつき、逆光や木陰でも、鳥を見分ける目が養えます。

　また、寒いときは体を膨らませて体温を逃さないようにしていたり、外敵を警戒しているときは細く見えたりと、季節や環境によって、同じ鳥でもシルエットが違って見えることがあるので、注意して観察しましょう。

水平にとまる
ウグイス類・ムシクイ類

体を立ててとまる
ヒタキ類、モズ、ヒヨドリ

腰高の浮き姿勢
カモ類・カモメ類

足が長い
サギ類・ツル類

尾が無い体型
カイツブリ

飛びかた・歩きかたで見分けましょう

飛びかたや歩きかたにもさまざまな特徴があります。
鳥の飛びかたや、地面を移動する鳥の歩きかたでも種類が見分けられます。

飛び方	歩き方

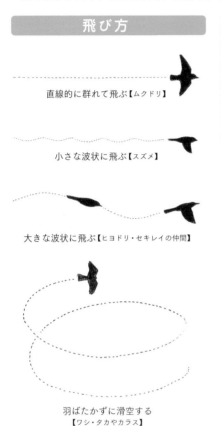

直線的に群れて飛ぶ【ムクドリ】

小さな波状に飛ぶ【スズメ】

大きな波状に飛ぶ【ヒヨドリ・セキレイの仲間】

羽ばたかずに滑空する
【ワシ・タカやカラス】

両足を揃えてピョンピョンと跳ねる
【スズメ】

左右の足を交互に出してノコノコ歩く
【ムクドリ・ヒバリ】

首を前後に動かしながら歩く【ハト・バン】

歩く合間に尾を振る【ハクセキレイ】

野鳥の声に耳をすませましょう

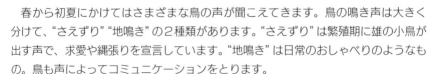

　春から初夏にかけてはさまざまな鳥の声が聞こえてきます。鳥の鳴き声は大きく
分けて、"さえずり""地鳴き"の2種類があります。"さえずり"は繁殖期に雄の小鳥が
出す声で、求愛や縄張りを宣言しています。"地鳴き"は日常のおしゃべりのようなも
の。鳥も声によってコミュニケーションをとります。
　鳴き声は鳥を見つける重要な手がかり。茂みの中で見えにくい場合も、声を頼りに
探してみましょう。

フィールドノートをつけよう

　鳥を見に出かけるとき、小さなノートを一冊用意しましょう。

　出かけた場所、出会った鳥の名前、日時、天気だけでなく、交通手段やどういう経路で歩いたかの簡単な地図、誰と会ったのか、コンビニやトイレの有無などもメモすると後々便利です。誰に見せるものではないので、気軽に書いて、自分自身が見返したとき、わかりやすいようにまとめましょう。

　また防水紙のノートも悪天時には便利です。ペンは水性のものは避けましょう。

　慣れてきたら、ただ鳥の名前を並べるだけでなく、どんな環境にいて、どんな行動をとっていたか、♂♀で何羽ずついたかなども加えると、記録としての価値もでてきます。家に帰って図鑑や専門誌を見ながら、今日出会った鳥たちを復習し、識別できなかった鳥を探す作業も楽しいものです。あなたのノートがそのエリアの保護に役立つことも、あるかもしれません。

鳥の絵を描いてみよう

下の絵は**ルリビタキ**です。

はじめは鉛筆で2つのタマゴを描きます。

胴体のタマゴの中心線は
10時→4時の角度で。
頭のタマゴの中心線は、
胴体の中心線の半分を
目安にするといいでしょう。

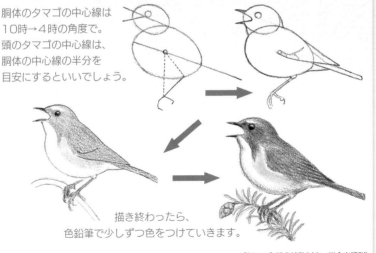

描き終わったら、
色鉛筆で少しずつ色をつけていきます。

『"タマゴ式"鳥絵塾』（文一総合出版刊）

基本の装備と持ち物

Point 1
双眼鏡は
8倍か10倍のものを

Point 2
ウェアで暑さ寒さ対策を

Point 3
見た鳥は図鑑で確認

目と耳で楽しむバードウォッチングは
特別な準備をしなくても楽しめますが、
双眼鏡があれば、遠くからでも鳥を驚かさずに観察できます。
また、服装や靴などの装備も大切です。雨天や悪路、山林、
やぶや湿地に入ったりすることもあるので、
装備を万全にして、出かけましょう。
水分補給を大切に。軽食も持参すると安心です。

双眼鏡

観察道具の基本アイテムとなるのが双眼鏡。しかし、大きく見たいからと50倍などという高倍率のものは、手ぶれがひどく野外観察には適していません。

おすすめは明るく広い視野を確保できる8倍か10倍の倍率で、左右の視度調節ができるもの。後々のメンテナンスも考え、きちんとした光学機器メーカーのものを選びましょう。大切に使えば一生ものです。

中のプリズムの仕組みでポロ型、ダハ型と形が分かれますが、実際に店頭で手に取り、自分が使いやすい型を選びましょう。

BD25-8GR　8x25mm
倍率8倍、対物レンズ有効径25mm
希望小売価格　33,000円(税込)

小型、軽量で携帯に便利。バードウォッチングから旅行、コンサートなどマルチに使える　　　　　(協力／興和オプトロニクス)

BDⅡ32-8XD　8x32mm
倍率8倍、対物レンズ有効径32mm
メーカー希望小売価格　53,240円(税込)

軽量で丈夫なボディにXDレンズを搭載したハイスペック双眼鏡。広く明るい視界で野鳥たちの様々な表情を観察することができる　　　　　(協力／興和オプトロニクス)

双眼鏡の使い方

胸の位置にひもを調整する

目幅調節で目の幅を合わせる

視野がひとつの円になるようにする

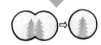

ピントリングを回し、
左目のピントを合わせる

視度調節リングで
右目のピントを合わせる

服装・靴など

近年は、服装や装備品については鳥のいる環境に配慮したものが増えてきました。紫外線カット、発汗、風通し、防水、防寒など、高機能繊維を使ったアウトドア専門のブランドのウェアがおすすめです。靴は整備されていない道を歩くことも多いので、ウォーキングシューズなどはしっかりとしたものを。雨具、水筒は必需品です。暑さ・寒さの対策もしっかりと。ハンディ図鑑や観察道具、軍手、タオルに加え、防水シート、羽を拾った時用にチャック付ビニール袋や、防寒にも役立つ新聞紙なども入れておくと便利です。拾った羽は帰宅後シャンプーで洗って、よく乾かし、保管します。

ウインドブレーカーは必需品。完全防水のものは雨具としても使える
（協力／モンベル）

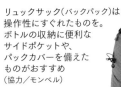

リュックサック（バックパック）は操作性にすぐれたものを。ボトルの収納に便利なサイドポケットや、パックカバーを備えたものがおすすめ
（協力／モンベル）

防寒性に優れたラップスカートは女性に人気
（協力／モンベル）

滑り止めのついた手袋（グローブ）と折りたたみ式の長靴
（協力／日本野鳥の会）

日本野鳥の会 直営店「バードショップ」

https://www.wbsj.org/shopping/shop/
（公財）日本野鳥の会のオリジナル商品がすべてそろう直営店

チョウゲンボウ
→P49

ムクドリ
→P28

コチドリ
→P56

ハシブトガラス
→P29

ヒヨドリ
→P30

コサギ
→P52

スズメ
→P28

シジュウカラ
→P30

コゲラ
→P31

ハクセキレイ
→P30

ツバメ
→P38

アオバズク
→P37

ムクドリ
→P28

キジバト
→P28

野鳥は山や高原ばかりにいるわけではない。
身近な公園や、自分の家の庭やベランダにもやってくる。
街で生きる鳥たちの子育ては、知恵を絞り、植物の繊維や枝で作る巣を、
ビニール紐やハンガーで代用することもある。

18

トビ
→P28

コアジサシ
→P64

カイツブリ
→P58

カルガモ
→P58

カワウ
→P63

キョウジョシギ
→P55

チュウシャクシギ
→P55

オオヨシキリ
→P50

冬に日本で羽を休めていたガンやカモたちは、春に北へ繁殖の旅に出る。
そして南の国から日本へ繁殖をしに、コアジサシやツバメが舞い降りる。
一方、シギやチドリたちは日本を通過して北へ向かう。

街と海の鳥 秋・冬

ハシブトガラス
→P29

ヒヨドリ
→P30

アオサギ
→P52

ウグイス
→P35

スズメ
→P28

シジュウカラ
→P30

シメ
→P45

キジバト
→P28

ハクセキレイ
→P30

ムクドリ
→P28

ジョウビタキ
→P46

十五夜の月が輝く頃、ツバメたちは群れを成してねぐら入りをし、
南の国へ旅立つ準備をする。
シギやチドリたちは落ち着いた羽色に戻り、南を目指す。
一方、水辺の鳥を狙う猛禽たちは狩りに余念がない。

トビ
→P28

ミサゴ
→P48

セグロカモメ
→P65

イソヒヨドリ
→P51

バン
→P58

ウミネコ
→P64

カワウ
→P63

オナガガモ
→P59

カワウ
→P63

ハシビロガモ
→P61

キンクロハジロ
→P60

スズガモ
→P61

チュウヒ
→P49

ユリカモメ
→P65

シロチドリ
→P56

ハマシギ
→P56

冬になればカモとカモメの天下。
カモの♂は初冬には繁殖のため美しい羽色に姿を変え、ペアを組む。
見ていて飽きないが、カモメは識別が難しい。
水辺のヨシ原も野鳥の宝庫。じっくり観察しよう。

イワツバメ
→P39

アマツバメ
→P39

ホシガラス
→P42

カワガラス
→P43

コマドリ
→P34

オオタカ
→P48

カルガモ
→P58

オオルリ
→P34

アカゲラ
→P33

サンコウチョウ
→P35

ウグイス
→P35

ホオジロ
→P41

キビタキ
→P34

キジ
→P39

イカル
→P45

春から夏にかけては野鳥がいっそう活発に活動する。
♂は美しい声でさえずり、♀にアピール、テリトリーを主張する。
茂みの、声のする方向を注視し、わずかな動きを察して鳥の姿を見つけよう。

山と里の鳥 春・夏

ヒバリ
→P40

ツバメ
→P38

アマサギ
→P53

ムクドリ
→P28

バン
→P58

ノビタキ
→P40

カイツブリ
→P58

カッコウ
→P38

コアジサシ
→P64

オナガ
→P31

コサギ
→P52

カワセミ
→P50

メジロ
→P30

キセキレイ
→P50

営巣や子育てなど、命の営みが春に集中するのは、
青虫や芋虫と呼ばれる幼虫が発生する時期だから。
ふだん植物性の食べ物を好む鳥も、高蛋白・高カロリーの青虫を獲り、
ヒナに食べさせる。食うか食われるかの厳しい世界だ。

山と里の鳥 秋・冬

マヒワ
→P44

アトリ
→P44

マガモ
→P58

カケス
→P36

ヤマドリ
→P36

アオジ
→P47

エナガ
→P32

ヒガラ
→P32

ヤマガラ
→P32

ツグミ
→P44

コガラ
→P32

カシラダカ
→P46

シロハラ
→P44

アオゲラ
→33

繁殖を終えた鳥たちが、越冬のために南の国へ向かう頃、
北の国での暮らしを終えて越冬しに日本を訪れる鳥もいる。
南北に長い日本列島だからこそ、国土面積の割には
多くの鳥たちと出会う楽しみがある。

ノスリ
→P49

タシギ
→P51

タゲリ
→P54

コミミズク
→P47

タヒバリ
→P51

オナガガモ
→P59

ベニマシコ
→P45

ダイサギ
→P52

セグロセキレイ
→P50

モズ
→P31

イソシギ
→P51

ヒドリガモ
→P59

カワセミ
→P50

カワラヒワ
→P31

メジロ
→P30

秋は、鳥たちにとっても実りの秋。
木の割れ目や切り株などに貯食（エサを貯める）をする鳥もいる。
エサの少なくなる冬は、鳥も人に近づくことがあり、
野鳥観察を始めるには最適な季節だ。

鳥の体の部位と翼の名称

野鳥を観察していると、鳥のことについてもっと知りたくなります。
見た鳥を図鑑などでチェックするとき、各部位の名前を知っておく
と便利です。

体の部位の名称

虹彩
額
クチバシ
冠羽（かんう）
眉斑（びはん）
過眼線（かがんせん）
肩羽（かたばね）
背
雨おおい羽
腰
上尾筒（じょうびとう）
尾
頬
胸
脇
腹
風切羽（かざきりはね）
下尾筒（かびとう）
足

翼の名称

小翼羽（しょうよくう）
雨おおい羽
三列風切
初列風切
次列風切
風切羽

カワセミ

野鳥図鑑

身近な野鳥200

街の中や林、草原など、鳥が暮らす環境ごとに紹介しています。
地域によっては違う環境の場所で見られることもあります。
特徴のある亜種も掲載。動物園で見られる野鳥はP186で紹介しています。
また、♂と記載があるものは、識別しやすい♂の鳥絵をのせています。

エナガ

オオルリ

スズメ

○ ● ● ●

留　🏠 住宅地　🏢 ビル街　🏭 農耕地
干拓地

体長
14.5
cm

目安鳥
スズメ

人に一番身近な野鳥で、民話や童謡でもおなじみ。
あまり人を恐れないので、距離を保つとさまざま
な動作を見せてくれる。水浴び砂浴びを共にする。
スズメの大きさに近い野鳥の数は多く、スズメを
見分けられると、バードウォッチングが楽しくなる。

キジバト

● ● ●

留　🌲 低い山
や林　🏭 農耕地
干拓地　🏠 住宅地

体長
33
cm

目安鳥
ハト

背中の羽の模様がキジの♀に似て美しく、ペアで
活動することが多い。首の脇にある青いうろこ模
様も特徴。以前は街では冬鳥だったが、今では通
年見られる。「デデポッポー」と柔らかくこもった
声で鳴く。山鳩の通称もある。

ムクドリ

● ● ●

留　🌲 低い山
や林　🏭 農耕地
干拓地　🏠 住宅地

体長
24
cm

目安鳥
ムクドリ

群れでいることが多く芝生などで餌をついばむ。
幼鳥は全体に淡い色で成鳥とは異なる羽色。
「リャーリャー」と大声で鳴き、秋冬には大きな
群れを作り竹林等をねぐらにする。尾が短いため
空を飛ぶ姿は三角定規のように見える。

トビ

○ ● ● ●

留　〽 川、
河原　☁ 空　〰 海、海岸
港

翼開長
162
cm

目安鳥
カラス

九州以北で留鳥、猛禽類がもつ
精悍な印象はない。翼を水平
に、大きく輪を描いて「ピーヒョ
ロロロ」と鳴きながら飛ぶ。尾
の角がとがった三角に見える。
昭和の歌で「とんび」と出てく
るのはこの鳥。雑食で一番馴染
みが深いタカの仲間。

食べるもの　 イモ虫　 毛虫　🪰 飛ぶ虫　 樹の虫　 草の実　💧 水草　🌰 木の実　🍒 果実　✿ 花の蜜
🦗 地中の
生き物　地表の
生き物　🐟 魚など　プランクトン　🐦 小鳥　🐸 カエル　🐭 小動物　雑食　干潟の
生き物

ハシブトガラス

留 低い山や林 住宅地 ビル街

体長 56.5cm　目安鳥 カラス

都市部で多く見られる、出っ張りぎみのおでこと太いクチバシに特徴のあるカラス。カラスよけと呼ばれるものは効果が少ない。鳴き声は「カーカー」と澄んだ声。繁殖期にはヒナを守るために人を攻撃することもあるが、巣立ちまでの一時的なものだ。

ハシボソガラス

留 農耕地・干拓地 住宅地 海、海岸・港

体長 50cm　目安鳥 カラス

ハシブトガラスより一回り小さく、クチバシも細めでおでこもすっとしている。ハシブトが好む街中よりも、畑などの開けたところを好む。貝やクルミを空中から落として割る。首を上下しながら「ガーガー」と濁った声で鳴く。

鳥がなぜそんな行動をとるのか、考えてみよう

鳥たちの行動は種によってさまざま。仕草にも注目してみましょう。

〈 砂浴び 〉

〈 水浴び 〉

〈 日光浴 〉

▷鳥の大きな特徴のひとつは全身を守る羽毛です。
　羽毛についた汚れやダニなどをこまめに手入れすることは鳥たちが生きるために大切な行動なのです。

豆知識　ハシブトガラス・ハシボソガラスはとても賢くコミュニケーション能力が高いといわれ、共存するエリアでは互いに挨拶をしているかのような行動をとる。

シジュウカラ

○ ● ●

留　低い山や林　住宅地

体長
14.5
cm

目安鳥
スズメ

スズメとほぼ同じ大きさで、街中で普通。スズメと違うと気づく、最初の鳥のひとつ。胸のネクタイが太い方が♂で「ツーピー」と大きな声で鳴く。1羽で1日に2cmの青虫を約200匹食べると言われている。巣箱を利用し、冬の餌台も好む。

メジロ

○ ○ ○

留　低い山や林　住宅地

体長
12
cm

目安鳥
スズメ

街中で普通に見られる鳥では一番小さい。果実を好み、先が房状の舌で花の蜜もからめとる。群れが「メジロ押し」の光景はなかなか見られない。ウグイス餅の色は、メジロの羽色と間違えられたもの。目の周りの白いアイリングをチェック。

ヒヨドリ

● ●

留　低い山や林　住宅地　ビル街

体長
27.5
cm

目安鳥
ムクドリ

花の蜜を吸うために細いクチバシを持つが、クチバシがストローなわけではなく、舌で絡めて蜜をなめる。「ヒーヨヒーヨ」とよく通る声で鳴き、枝には体を起してとまる。果実も好み、食べ頃を人より知っている。日本の周りにしか生息しない。

ハクセキレイ（冬羽）

○ ○ ● ●

留　川、河原　ビル街　海、海岸港

体長
21
cm

目安鳥
スズメ

背中は夏羽は黒く、冬羽は灰色になるが、顔と腹の白は一緒。翼をたたみながらリズムよく大きな波を打って飛ぶ。地面では、長い尾を大きく振って歩く姿も特徴的。秋冬には駅前の街路樹をねぐらにすることもあり、見つけやすい鳥。

食べるもの　イモ虫　毛虫　飛ぶ虫　樹の虫　草の実　水草　木の実　果実　花の蜜　地中の生き物　地表の生き物　魚など　プランクトン　小鳥　カエル　小動物　雑食　干潟の生き物

コゲラ

留 🌲 低い山や林 🏠 住宅地

体長 **15** cm　目安鳥 スズメ

街中の木の多い公園でも見られる日本で一番小さなキツツキ。動くコブのようなものがいたら目を凝らして見よう。木をつつき音で樹中の虫を探しあて、木肌に穴を開けて長い舌でからめて食べる。♂の頭頂に赤い羽根が数枚あるが見にくい。

オナガ

留 🌲 低い山や林 🏠 住宅地

体長 **36** cm　目安鳥 ムクドリ

関東では普通に見られるが、関西には住んでいない。美しい姿だが「ゲーィケイケイ」という濁った声からカラスの仲間とわかる。いつも群れでいて、とても賢く、前年に生まれた子が、翌年の子育てを手伝う。巣立ちヒナは頭がゴマ塩模様。

カワラヒワ(♂)

留 🏔 草原 🏞 川、河原 🏠 住宅地

体長 **14.5** cm　目安鳥 スズメ

クチバシが太く、スズメに似ているがおなかは褐色、飛び立った時、翼の鮮やかな黄色の帯が目立つ。「キリキリ…コロコロ…」と可愛い高い声で鳴く。秋口には、草の実が豊富な河原で群れることが多く、一斉に飛び立つと黄色の花が舞うよう。

モズ(♂)

漂 🏞 川、河原 🏭 農耕地干拓地 🏠 住宅地

体長 **20** cm　目安鳥 ムクドリ

枯れ野原の杭にとまる姿に孤高の武士を重ね、宮本武蔵が絵に残している。なわばり意識が強く「キィー・キィキィ」という高鳴きで縄張り宣言をする。昆虫などを枝に刺すはやにえも有名。百舌と表すように、他の鳥の鳴きまねもうまい。

豆知識　日本人にとってヒヨドリは声が騒々しく果実も食べるため、敬遠しがち。でも海外からの来訪者にとっては憧れの鳥。関西圏におけるオナガも同じで、地域により意識に差が出てくる。

エナガ

○ ● ●

留 | 🌲 低い山や林 | 🏠 住宅地

体長 13.5cm
目安鳥 スズメ

体の半分以上をしめる尾が、ひしゃくの柄に似ていて柄長。体はピンポン玉大でかなり小さく見える。冬にはカラの混群と一緒に行動することが多く、小刻みに枝を移動する姿が目につく。巣は細い糸状の素材を見つけ球形のものを作る。

ヤマガラ

● ● ●

留 | 🌲 低い山や林 | 🏠 住宅地

体長 14cm
目安鳥 スズメ

「ニィニィ…」と鼻にかかった声で鳴く。人をあまり恐れず、目の前に出てくれることも多い。足で木の実を押え、つついて食べる習性から、以前はお祭りのおみくじをひく鳥として有名だった。冬にはカラの仲間と一緒に行動する。

コガラ

○ ● ●

留 | 🌲 低い山や林 | ⛰ 高い山や崖

体長 12.5cm
目安鳥 スズメ

シジュウカラよりかなり小さな印象で、胸のネクタイがないため、下から見上げると白っぽくみえる。落葉広葉樹の林を好み、ヤマガラ、ヒガラなどのカラの仲間と混群でいることが多い。「ツツジャジャー」と小刻みにさえずる。

ヒガラ

○ ● ●

留 | 🌲 低い山や林 | ⛰ 高い山や崖

体長 11cm
目安鳥 スズメ

日本では一番小さなカラ。針葉樹林を好み、木のてっぺんに近いところで「ツピンツピン」と早口でさえずる。小さめの群れを作って移動する。他のカラ類と混群になる場合も多い。夏は見つけることが難しい。冬には低山に移動する。

食べるもの イモ虫 毛虫 飛ぶ虫 樹の虫 草の実 水草 木の実 果実 花の蜜
🕐 地中の生き物　🪨 地表の生き物　🐟 魚など　プランクトン　🐦 小鳥　カエル　小動物　雑食　干潟の生き物

ゴジュウカラ

留　低い山や林　高い山や崖

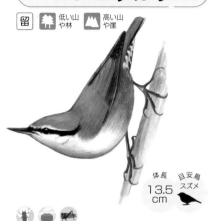

体長
13.5
cm

目安鳥
スズメ

「フィフィフィフィフィフィ」という声が聞こえたら木の幹を盛んに移動し、頭を下にして降りる姿をさがそう。尾が短いため、少し大きめに見える。脇の薄い赤茶色が、野外では思いのほか目立つ。冬はカラの混群といることもある。

アカゲラ（♂）

留　低い山や林　高い山や崖

体長
23.5
cm

目安鳥
ムクドリ

前後２本ずつにつく足指と、強靭な尾で体を支え、木の幹を下から上へのぼって木肌の下に居る虫を探していく。背中の白斑と、頭部の赤い羽がよく目立つ。繁殖期は、♂のドラミングという、クチバシで木を強く早く叩く音が聞かれる。

キバシリ

留　低い山や林　高い山や崖

体長
13.5
cm

目安鳥
スズメ

木に縦にとまり、らせん状に上りながら餌となる昆虫を探す。木を走るように動くことからキバシリ。複雑な羽の色はほぼ樹皮と化して、なかなか見つけるのが難しい。クチバシが下に湾曲しているのも特徴。冬にはカラ類と混群でいることもある。

アオゲラ（♂）

留　低い山や林　住宅地

体長
29
cm

目安鳥
ムクドリ

普通に見られるキツツキの中では一番大きい。♀は後頭部、♂は額まである、赤い羽が映える。飛び立った時の羽先の黒と白の模様も目立つ。ドラミングの音も力強く響く。近年、市街地や街中の公園でも観察される。

豆知識　キツツキは下から上に、力強い足指と強固な尾羽の3点を使って木を移動する。キバシリも同じ動きだが、保護色で見つけにくい。鳥との距離が縮まるのは圧倒的に冬で、おすすめ。

○ ● ● ●

オオルリ（♂）

夏　🌲 低い山 や林　⛰ 高い山 や崖

体長 16.5 cm　目安鳥 スズメ

声が美しい日本三鳴鳥のひとつ。夏に日本に来て高い木の先の方で、力強く「ピールリピールリ」と美しい声で鳴く。下から見上げることが多く、腹の白い色が目につく。葉の影にいると背中の青は目立たない、声を目安に探そう。♀は褐色。

○ ● ● ○

キビタキ（♂）

夏　🌲 低い山 や林　⛰ 高い山 や崖

体長 13.5 cm　目安鳥 スズメ

新緑の中で会えると嬉しい夏鳥。木を見上げた位置で「ホイヒーロー、オーシツクツク」など多彩なよく通る声でさえずる。餌の虫を見つけるとパッと飛びあがって捕り、元の枝に戻る。黒と黄色の対比は、自然の中では目立たない。

○ ● ● ○

コマドリ（♂）

夏　🌲 低い山 や林　⛰ 高い山 や崖

体長 14 cm　目安鳥 スズメ

九州以北の、高い山でクマザサなどが生える渓谷や斜面に、夏鳥として飛来。胸を張って「ヒンカララララ…」とよく通る声でさえずる。その声が馬のいななきに聞こえるために駒鳥の和名がついた。鳴き声を頼りに探してみよう。

○ ●

コルリ（♂）

夏　🌲 低い山 や林　⛰ 高い山 や崖

体長 14 cm　目安鳥 スズメ

日本に飛来する青い鳥の一つ。夏鳥で本州中部以北の山地の落葉広葉樹林に飛来する。地上の比較的暗いところで餌をとるので、青みがかった青い姿は見つけづらい。「チッチッチッピンツルルルル…」という美しい声でさえずる。

食べるもの　イモ虫　毛虫　飛ぶ虫　樹の虫　草の実　水草　木の実　果実　花の蜜　地中の生き物　地表の生き物　魚など　プランクトン　小鳥　カエル　小動物　雑食　干潟の生き物

○ ○ ●

コサメビタキ

夏 | 🌲 低い山 や林 | ⛰ 高い山 や崖

体長 **13** cm

目安鳥 スズメ

日本には3種類のサメビタキの仲間が見られるが、里山でも繁殖するのは本種だけ。この仲間の識別は難しい。枝に縦に近い角度でとまり、控えめな「チリチリ」というさえずりで鳴く。目立たないが、愛くるしい顔にファンも多い。

● ● ○

サンコウチョウ(♂)

夏

🌲 低い山 や林

⛰ 高い山 や崖

体長 **45** cm

目安鳥 スズメ

「ツキヒホシ　ホイホイホイ」と鳴くことから「月・日・星」の3つの光でサンコウチョウ。繁殖期の♂は長い尾が美しい。低山のよく繁った林を好むが、繁殖地の日本でも、越冬地のアジアでも彼らの住める環境が激減、種の存続が懸念される。

● ● ○

センダイムシクイ

夏 | 🌲 低い山 や林 | ⛰ 高い山 や崖

体長 **12.5** cm

目安鳥 スズメ

九州以北の低山に夏鳥として飛来。落葉広葉樹林の繁った木々の枝から枝に渡りながら、餌を探しさえずる。名前の由来は歌舞伎の『伽羅先代萩』の鶴千代君から。「チヨチヨビー」とさえずる。

●

ウグイス

漂 | 🌲 低い山 や林 | ⛰ 高い山 や崖 | 🏠 住宅地

体長 **13.5〜15.5** cm

目安鳥 スズメ

日本三鳴鳥の一つで、「ホーホケキョ」というさえずりは誰もが知っている。藪の中を移動して餌を探すため、止まる姿勢は枝に水平。ウグイス餅の色はメジロの羽色で、実際のウグイスとはちがう。冬は平地に移動し、チャッ、チャッと鳴く。

野鳥図鑑 ｜ 低い山の林にいる鳥

豆知識 | 鳥を見分けるには羽の色、鳴き声、出会った場所など、いくつかのヒントがあれば見つけやすくなる。パッと目に留まった色や、枝に停まる姿勢も重要なポイント。五感をフル稼働しよう。

クロツグミ（♂）

夏 ⛰ 低い山 や林

体長 21.5cm 目安鳥 ムクドリ

ツグミの仲間は冬鳥として見かけることが多いが、この鳥は東アジア特産の夏鳥。低山から上の森を好み、木の上の方で美しくさえずり、地面で餌をとる。クチバシの黄色がフィールドでは思いの外目立つ。声を頼りに探そう。

ホトトギス

夏 ⛰ 低い山 や林

体長 27.5cm 目安鳥 ハト

信長・秀吉・家康の三武将を比べるときの鳥。鳴かすも鳴かさないも、鳥はなわばりを主張し、♀を呼ぶために鳴くので人の都合では鳴かない。ほかのカッコウの仲間同様、托卵をし毛虫を好んで食べる。さえずりは「特許許可局」と聞こえる。

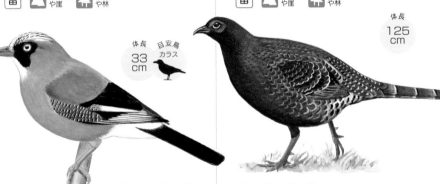

カケス

留 ⛰ 高い山 や崖 ⛰ 低い山 や林

体長 33cm 目安鳥 カラス

♂♀同色の複雑な羽色をしているが、自然の中では目立たない。カラスの仲間で「ジェイ、ジェイ」という濁った声で鳴く。英名のJayも鳴き声に由来。ドングリを地面に埋め貯食をするが、全部は食べない。ふわふわと飛ぶ姿が特徴的。

ヤマドリ（♂）

留 ⛰ 高い山 や崖 ⛰ 低い山 や林

体長 125cm

国鳥キジの仲間。森林を好むためあまり姿は見られない。全体に赤みを帯び、長い尾を歌った万葉集の歌もある日本特産種。キジと同様、大きな羽音をたて直線的に飛び上がる。♂が繁殖期にドドと羽を打つ音を「ホロを打つ」という。

食べるもの

イモ虫　毛虫　飛ぶ虫　樹の虫　草の実　水草　木の実　果実　花の蜜
地中の生き物　地表の生き物　魚など　プランクトン　小鳥　カエル　小動物　雑食　干潟の生き物

アオバト（♂）

●●○

| 留 | 高い山や崖 | 低い山や林 | 海、海岸、港（夏） |

体長 33cm
目安鳥 ハト

美しい緑色をしており「アーオ　アーオ」と太く鳴く声が特徴的。♂は肩のあたりがワインカラー。春から夏には海岸に降りて塩水を飲む姿が知られるが、本来は山の深い森に住む。九州以北で繁殖。柔らかい果実やドングリを好む。

アオバズク

○○●

| 夏 | 低い山や林 |

体長 29cm
目安鳥 ハト

青葉の頃にくるフクロウでアオバズク。ミミズクのような羽角はないが、ズクはフクロウの総称で、羽角がなくてもズクと名に付くフクロウもいる。人里に近い神社の杜や屋敷林などでも繁殖するため、身近な存在。夜行性である。

マミジロ（♂）

○●

| 夏 | 高い山や崖 | 低い山や林 |

体長 23.5cm
目安鳥 ムクドリ

体の中で一番目立つ白い眉のような模様から名前がついた。飛ぶと翼の裏の黒と白の縞模様が、はっきりと見える。同じ環境にいるアカハラは「キョロンキョロンチー」と鳴くがこの鳥は「キョロンチー」と鳴く。東アジア特産。夏鳥。

コムクドリ（♂）

●●●

| 夏 | 低い山や林 |

体長 19cm
目安鳥 ムクドリ

低山から上の林を好む夏鳥。頬の丸い模様がポイントで♀はこの部分がグレー。ムクドリの仲間だが少し小さく可愛らしい。「ピューイキュルキュル」とさえずる。渡りの時期には、街の公園や街路樹でムクドリの群に混じる。

豆知識　神奈川県の大磯・照が埼の岩礁には春から秋にかけて多くのアオバトが飛来する。彼らの好むドングリの毒を中和するために海水のミネラルが必要との説も。山の中の塩分の強い温泉も好みだ。

ツバメ

○ ● ●

夏 | 農耕地干拓地 | 住宅地 | 空

体長 17cm 目安鳥 スズメ

アジアから飛来する夏の使者。湿った土と唾液で練って、人通りの多い建物に巣を作り、子育てをする。脇に生えている毛が網の役を果たすクチバシで、空中に飛ぶ虫を、口を開けながら捕獲する。古来より幸福の使者として有名。

コシアカツバメ

● ● ●

夏 | 農耕地干拓地 | 住宅地 | 空

体長 18.5cm 目安鳥 スズメ

夏鳥で、九州以北に飛来するが、北日本では少ない。ツバメより一回り大きく、尾が長め。飛んだ時の上面の腰の赤茶、止まった時の胸の模様が特徴。家屋の天井に徳利を縦二つに割ったような巣を作る。

カッコウ

○ ● ●

夏 | 草原 | 川、河原 | 農耕地干拓地

体長 35cm 目安鳥 ハト

カッコウのさえずりは生活の中に多く、横断歩道や時計、歌などで身近。日本に来るカッコウの仲間は４種。ともに他の小鳥の巣に托卵し、子育ては自分ではしない。また毛虫を主に食べるのもこの仲間だけで、自然界では重要な役目を果たす。

コジュケイ

● ● ●

留 | 低い山や林 | 草原 | 川、河原

体長 27cm 目安鳥 ハト

「チョットコイチョットコイ」とよく響く声で地面で鳴く。中国原産のキジの仲間で、大正時代に狩猟鳥として輸入され野生化。よく繁った草むらを好むが、近年の開発の影響で数が減少している。足下から羽音高く飛び立ち驚くことがある。

食べるもの | イモ虫 毛虫 飛ぶ虫 樹の虫 草の実 水草 木の実 果実 花の蜜
地中の生き物 地表の生き物 魚など プランクトン 小鳥 カエル 小動物 雑食 干潟の生き物

イワツバメ

○ ● ●

| 夏 | 🏔 高い山
や崖 | ☁ 空 | 〰 海、海岸
港 |

体長 **13** cm　目安鳥 スズメ

主に夏鳥として九州以北に飛来。ツバメより小さくて尾の切れこみが浅く、腰の白さが目立つ。山地〜低地にある学校や橋梁などに丼を貼りつけたような半球形の巣を作る。場所によってはツバメと一緒にいる。

アマツバメ

○ ◐ ● ●

| 夏 | 🏔 高い山
や崖 | ☁ 空 | 〰 海、海岸
港 |

体長 **20** cm　目安鳥 ムクドリ

アマツバメ科という独立した科をもち、日本では3種観察される。空中で餌だけでなく巣材も調達するため、飛ぶのに最適な長く細い翼を持ち、素早く飛ぶ。本種は腰の白さと尾の切れ込みで識別できる。高山や断崖の海べりで営巣。

オオジシギ

○ ○ ● ●

| 夏 | 旅 | 🏔 草原 | 〰 川、河原 | ▦ 農耕地干拓地 |

体長 **31** cm　目安鳥 ハト

オーストラリアをはじめとする南半球から中部以北の日本に夏鳥として飛来。空高く鳴きながら飛び、急降下するときに尾羽をふるわせて爆音をたてる。その音の大きさから、カミナリシギの別称もある。羽色が保護色となり姿は見つけにくい。

キジ（♂）

● ● ○

| 留 | 🏔 草原 | 〰 川、河原 | ▦ 農耕地干拓地 |

体長 **80** cm

日本の固有種で、国鳥だが狩猟対象種。明るい林や河原の草むらを好み、堂々と歩く姿は見つけやすい。「ケーンケーン」と声高に鳴く。乱婚で一羽の♂の縄張りの中に複数の♀がいて子育てをする。♀は地味な羽色で尾も短い。

> **豆知識**　キジが国鳥に選ばれたのは1947年。キジは一夫多妻で子育て上手、父親は外で仕事、母親は家で家事育児、が当時の家庭の事情に合っていたからとか。まったく今どきではない話。

ヒバリ

〔留〕 草原　川、河原　農耕地・干拓地

体長 17cm　目安鳥 スズメ

広い草原の上を太陽に向かって飛びながら「ピーチュルピーチュル」と長く、爽やかにさえずる。以前は麦畑の上をさえずりながら飛ぶヒバリの姿は春の風物詩だったが、いまは少なくなった。草むらの根本の地面で営巣する。

ノビタキ（♂）

〔夏〕 草原　川、河原　農耕地・干拓地

体長 13cm　目安鳥 スズメ

丈の高い草原にいて、草のてっぺんで足を踏ん張りながらオオルリに似た柔らかい声でさえずる。広い草原だと、一定の距離をあけて♂同士がさえずる姿が特徴的。♂の橙色の胸は離れていてもとても美しい。♀は地味な羽色。

ビンズイ

〔漂〕 低い山や林　草原

体長 15.5cm　目安鳥 スズメ

夏は比較的高地の草原で見られ、冬は低地の松林などで過ごす。セキレイの仲間なので尾を大きくリズミカルに上下する。木の上も含め、歩く姿をよく見かけるが、草の色に紛れて見つけにくい。

コヨシキリ

〔夏〕 草原　川、河原

体長 13.5cm　目安鳥 スズメ

比較的乾いた、ススキやオギなどの背の高い草地を好む。オオヨシキリに似るが小さく、声も通りにくい。この鳥の仲間はみな似ていて識別が難しいが、だからこそ楽しいというファンもいる。

食べるもの　イモ虫　毛虫　飛ぶ虫　樹の虫　草の実　水草　木の実　果実　花の蜜　地中の生き物　地表の生き物　魚など　プランクトン　小鳥　カエル　小動物　雑食　干潟の生き物

ホオジロ（♂）

○ ● ●

留 ／ 草原 ／ 川、河原 ／ 農耕地干拓地

体長 16.5cm
目安鳥 スズメ

頬の白い鳥は他にも多いが、ホオジロはこの鳥。この仲間は飛び立つ時に尾の脇の白が目立つ。草原や河原、まばらな林を好み、春早い時期に、木のてっぺんで一生懸命「一筆啓上仕り候」と聞きなしできる声で鳴く。春告げ鳥。

ホオアカ（♂）

● ● ●

漂 ／ 草原 ／ 川、河原

体長 16cm
目安鳥 スズメ

草原を好み、夏は山地、冬は平地に移動する。ホオジロに似ているが、全体に灰色が強く、頬の赤は目立たない。他のホオジロ類同様尾羽の外側は白く、飛ぶと目立つ。識別のポイントは胸の二重の帯。

セッカ

○ ● ● ●

留 ／ 草原 ／ 川、河原 ／ 農耕地干拓地

体長 12.5cm
目安鳥 スズメ

ヒバリと同じで草原を好む。ヒバリはひたすら空に向かうが、セッカは「ヒッヒッヒッヒッ」と鳴きながら上に向かい「チャッチャッチャッ」と鳴きながら降りてくる。カッコウに托卵されることもある。草原の減少で数が減っている。

ヨタカ

○ ●

夏 ／ 低い山や林 ／ 草原

体長 29cm
目安鳥 ハト

地味な羽色が保護色となり、地面や、木にとまっていても見つけられない。夜行性で、大きな口を開けて空中に飛ぶ蛾やカナブンなどの虫を食べる。その容姿に熱烈なファンが多い。数は減少中。秋の渡りでは太い枝で寝ていることもある。

野鳥図鑑 草原の小鳥

豆知識 宮沢賢治の本『ヨダカの星』は、夜と鷹が一緒になった名前なのに、鷹でもなく醜く変だと他の鳥たちにいじめられ、空で星になるお話。宮沢賢治は鳥をよく知っていたことがわかる。

41

キクイタダキ

● ● ○

| 漂 | 🏔 高い山や崖 | 🌲 低い山や林 | 🏠 住宅地 |

体長 10 cm　目安鳥 スズメ

高山の針葉樹林で繁殖、冬はカラ類と混群で低地に移動。ルクセンブルクの国鳥。学名の意味も「王様の鳥」。頭頂にある黄色と赤い冠羽が菊の花のようで菊戴。日本で見られる一番小さな鳥で、カマキリに捕られることもある。

メボソムシクイ

● ●

| 夏 | 🏔 高い山や崖 | 🌲 低い山や林 |

体長 13 cm　目安鳥 スズメ

夏に九州以北の高い山に飛来。木立の中で気持ちよさそうに「チリチョリチリチョリ」とさえずる声が「銭とり銭とり」と聞こえ、「こんなに苦労して上ってきてさらに銭をとるのか？」と登山者にいわれることも。

ウソ（♂）

● ● ●

| 漂 | 🏔 高い山や崖 | 🌲 低い山や林 | 🏠 住宅地（冬） |

体長 15.5 cm　目安鳥 スズメ

本州中部以北の高い山の針葉樹林で繁殖するが、冬には平地で、サクラや梅の花芽を食べる。♀には、♂の美しい紅い色はなく羽色が茶色い。頭と羽の黒は共通。菅原道真公をお祀りする神社での、うそ替え神事で有名な鳥。

ホシガラス

○ ● ●

| 留 | 🏔 高い山や崖 | 🌲 低い山や林 |

体長 34.5 cm　目安鳥 ハト

カラスの仲間。体の星の模様が美しく人気がある。九州以北の高山の針葉樹林で繁殖。ハイマツの実を好み、貯食もするが、全てを食べるわけでないため、時期がくるとハイマツが一斉に芽吹くことも。雑食性。冬には低山に移動するものもある。

食べるもの　🐛 イモ虫　🐛 毛虫　🐝 飛ぶ虫　🪲 樹の虫　🌿 草の実　🌊 水草　🌰 木の実　🍒 果実　✿ 花の蜜　🐍 地中の生き物　🦗 地表の生き物　🐟 魚など　🦐 プランクトン　🐦 小鳥　🐸 カエル　🐀 小動物　🗑 雑食　🦀 干潟の生き物

○○●●

ヤマセミ（♂）

留 ｜ 川、河原

体長 **37.5cm**
目安鳥 ハト

日本でのカワセミの仲間で一番大きい。九州以北の山間の渓流で留鳥。♀の胸には茶褐色の部分はないが、飛び立った時に翼の下側に茶褐色の色が見える。♂の翼の下側は白い。渓流沿いで、ふわふわと羽ばたき、空中から獲物を狙う。

●●●○

アカショウビン

夏 ｜ 低い山や林

体長 **27.5cm**
目安鳥 ハト

数少ない夏鳥として水辺のよく繁った林に飛来、朽木の洞で繁殖。全身が燃えるように赤いせいか、水乞い鳥、雨乞い鳥とも呼ばれ、各地に伝説も残る。昆虫や、サワガニ、カタツムリなどを食べる。「キョロロロロ…」と尻下がりの声で鳴く。

●●

ミソサザイ

留 ｜ 高い山や崖 ｜ 低い山や林

体長 **10.5cm**
目安鳥 スズメ

味噌の色をしたささやかな鳥、でミソサザイ。小さいが、渓流の岩の上などで、堂々と大きな声でさえずる姿は力強い。さえずりは複雑で「チリリリリリ」と合間に入るのが特徴。山地の湿気た林を好むので、水辺では要注意。

●

カワガラス

留 ｜ 高い山や崖 ｜ 低い山や林

体長 **22cm**
目安鳥 ムクドリ

鹿児島県屋久島以北の山や山麓の渓流沿いにすむ。水の中で餌をとり、コケを使って丸い巣を作る。♂♀同色。足が太く、がっしりした体形で、水の際を飛びながら力強く「ビビッ」と鳴く。水生昆虫が増える2月頃から繁殖をはじめる。

豆知識 ｜ 富士山5合目あたりでも会えるホシガラス。人間に興味があるのか、少し距離を取りながら一緒に移動することが多々ある。鳥に人間ウォッチングをされているなと思う瞬間だ。

アトリ（♂）

冬 | 低い山や林 | 農耕地干拓地

体長 16cm　目安鳥 スズメ

冬鳥として飛来するが年によって飛来数は大きく変わる。多い時は数万の群れを作り林や耕地に飛んできて、草の種子を食べる。橙色と黒の羽の対比が美しく、飛んだときにもよく目立つ。♂♀ほぼ同色。春先には♂の頭部は黒くなる。

マヒワ（♂）

冬 | 低い山や林 | 草原

体長 12.5cm　目安鳥 スズメ

冬鳥として群れで大多数が飛来する。少数は本州以北の針葉樹林で繁殖。カワラヒワと同じような環境を好み混群していることもあるが、小さめなのですぐわかる。じっくり楽しむことができるので、冬の小鳥の群れはよく観察してみよう。

ツグミ

冬 | 川、河原 | 農耕地干拓地 | 住宅地 | 低い山や林

体長 24cm　目安鳥 ムクドリ

冬鳥として都内の公園などにも多く飛来。縄張り意識が強く、広い芝生の上でも等間隔で距離を置いて餌を探す。ムクドリといることも多い。胸の斑模様が目立つが個体差が大きい。カスミ網禁止の法律制定のきっかけとなった鳥。

シロハラ

冬 | 低い山や林 | 住宅地

体長 24cm　目安鳥 ムクドリ

冬鳥として本州中部以西に多く飛来。ツグミによく似ているが♂は模様がなくのっぺりとした印象。ツグミほど開けた場所には出てこないが、木の根元で熱心に落ち葉をかきたてエサを探す音で、見つけられる。飛び立つと尾の先の白が目立つ。

食べるもの

 イモ虫 毛虫  飛ぶ虫 樹の虫 草の実 水草 木の実 果実 花の蜜
地中の生き物 地表の生き物 魚など プランクトン 小鳥 カエル 小動物 雑食 干潟の生き物

ベニマシコ（♂）

漂　📷草原　🌊川、河原

体長
15
cm

目安鳥
スズメ

冬の赤い鳥はバードウォッチャー垂涎の鳥。このベニマシコは比較的会いやすい。北海道で主に繁殖をし、冬には本州以南の山地〜低地の草むらで越冬をする。♀は茶色っぽい地味な色でわかりにくいが、飛ぶと尾羽の脇が白く出る。

イカル

漂　🌲低い山や林　🏠住宅地

体長
23
cm

目安鳥
ムクドリ

九州以北の落葉広葉樹林で繁殖、冬は平地に群れで移動。さえずりは「キコキキキコキー」で「お菊二十四」と聞きなす。これを「キオスク」としてJRの売店のシンボルとなった。シメほどは太って見えない。♂♀同色でニレ科の実を好む。

アカハラ

漂　📷高い山や崖　🌲低い山や林　🏠住宅地（冬）

体長
23.5
cm

目安鳥
ムクドリ

本州中部以北の山地で繁殖、冬は低山から里山に降りてくる。ツグミの仲間で、ツグミにある胸の模様が成鳥にはなく、胸の橙色がとても目立つ。見分けることは容易な鳥。「キョキョキョ」という声で鳴く。

シメ

漂　🌲低い山や林　🏠住宅地（冬）

体長
18
cm

目安鳥
ムクドリ

どの図鑑でも「太っている」ことが強調されている鳥。頭が大きく、尾が短めでアンバランスな印象。飛ぶと翼の白が目立つ。太いクチバシで木の種を割って食べる。青森以北の低山で繁殖。冬は都内の公園でも見られ、春の渡り前は群れをつくる。

野鳥図鑑　冬の小鳥

豆知識　冬の見通しのよい林で会うと嬉しいのがイカルとシメ。両方とも太いクチバシでパチパチと音をたてて固い種子を割って食べるので、その音でも気づくことも。

○ ● ●

ルリビタキ（♂）

| 漂 | 高い山や崖 | 低い山や林 |

体長 14cm　目安鳥 スズメ

本州中部以北と四国の高い山で繁殖し、冬に平地に下りてくる。♂の可愛い目と、美しい羽色にファンが多い。♂♀ともに縄張り意識が強く、群れは作らない。垣根や藪の下などにいることが多いが時々姿を見せるので、立ち止まり観察しよう。

○ ● ●

ジョウビタキ（♂）

| 冬 | 川、河原 | 農耕地十拓地 | 住宅地 |

体長 14cm　目安鳥 スズメ

一部日本で繁殖。翼の白い模様が目立つことから「紋付鳥」とも呼ばれる。♀は全体に茶色っぽいが♂と同じように腹から尾にかけての橙と白い紋が目立つ。縄張り意識が強く、杭の上などで尾を振りながら「ヒッヒッカッカッカッ」と鳴く。

○ ● ●

カシラダカ（♂）

| 冬 | 草原 | 川、河原 | 農耕地干拓地 | 低い山や林 |

体長 15cm　目安鳥 スズメ

冬鳥として全国各地に飛来。ホオジロの仲間は、飛び立つ時の尾の両脇白が特徴。羽色はみな似ているが、本種の冬羽には♂♀とも短い冠羽がある。群れで移動するので、農耕地や草原で茶色の鳥の群れがいたら、スズメと思いこまずに観察。

● ●

キレンジャク（上）ヒレンジャク（下）

| 冬 | 低い山や林 | 住宅地 |

体長 キ19.5cm ヒ17.5cm　目安鳥 ムクドリ

連雀と漢字をあてるほど、群での移動が多く春の渡りが楽しみな鳥。よく目立つ冠羽がある。ヒレンジャクは尾の先が赤く、キレンジャクは黄色の尾の先と、翼の白が目に付く。ヤドリギの元となる種子は彼らの糞に未消化のまま残り、運ばれる。

46

食べるもの

ミヤマホオジロ (♂)

○●●○

冬 🌲低い山や林

体長 15.5cm
目安鳥 スズメ

冬鳥として飛来、西日本に多く、一部繁殖例もある。♂の黒いアイマスクと胸、黄色の顔の対比が美しい。深山と名にあるが、低山から平地の林の縁あたりを好み、地面で餌を探す。冬は、羽を膨らませていることもあり、まるく見える。

フクロウ

●○○●

留 ⛰高い山や崖 🌲低い山や林

体長 ♂48cm ♀52cm
目安鳥 カラス

九州以北で留鳥。♂♀同色。冬は低地にいるが夜行性のため昼間はあまり動かない。足指は前2本・後ろ2本で獲物を捕まえやすい。福朗・福籠・不苦老・などと表し、幸せを呼ぶ鳥と愛されている。首が270度回ることから商売の神様とも。

アオジ (♂)

●○○○

漂 🌲低い山や林 🏠住宅地(冬)

体長 16cm
目安鳥 スズメ

本州中部以北の山で繁殖。冬は平地や暖地で過ごし、市街地の公園や生垣などでも見られる。低い位置を行き来する鳥がいたら注意深く見てみよう。おなかの黄色も美しいが飛び立った時、ホオジロ類の特徴である尾羽の外側が白く目立つ。

コミミズク

●○○●

冬 🏕草原 🌊川、河原 🏙農耕地干拓地

体長 35〜41cm
目安鳥 カラス

冬鳥として、草原や河原などの枯野に飛来。夜行性だが昼間飛ぶこともあり、しなやかで翼が長く見える羽ばたきをし、草原に潜むネズミや小鳥を狙って狩りをする。杭の上などにいるので、個体差のある模様をよく見てみよう。♂♀同色。

豆知識　鳥取県大山のふもとで小学生姉妹が1日6時間ジョウビタキの観察をして、定点で繁殖活動をしていることを確認。それから一気に繁殖域が広がった印象がある。本州中部でも繁殖中。

ツミ

留 |  低い山や林 | 住宅地

翼開長 52〜63cm

目安鳥 ハト

近年都会の公園でも繁殖が確認されている小型の猛禽類。ヒヨドリほどの大きさ。ツミが飛んでくると明らかに小鳥たちの動きが違い警戒しているのがわかる。木々の中に潜んでいる姿は姿勢がよい。♂の胸は橙色が特徴。

オオタカ

留 | 空 | 低い山や林

翼開長 106〜131cm

目安鳥 カラス

夏は本州以北の森林で繁殖、秋冬は全国的に見られ、街中でも観察される。太めの翼と、尾に4本出る線が識別ポイント。カモを食べることも。カラスにからかわれる姿も見られるがオオタカのほうが断然強い。保護活動が実り増加傾向にある。

サシバ

夏 | 低い山や林 | 農耕地干拓地

翼開長 103〜115cm

目安鳥 カラス

夏鳥として飛来。「タカの渡り」は、本種が、同じルートを毎年通ることからきた。南下は群れでする。カラスほどの大きさ。翼の下面と尾の縞模様が識別ポイント。トビよりもはばたきが速く翼を水平にして飛ぶ。「ピックィー」と鳴く。

ミサゴ

留 | 空 | 湖や沼、池 | 海、海岸港

翼開長 147〜169cm

目安鳥 カラス

九州以北の海岸や海上で普通に見られる。空中でホバリング（停空飛翔）して水中の魚に狙いを定め、足で捕る。足の裏がやすり状になっており、魚を捕まえやすい。下から見上げた時は白い部分が目立ち美しい。

食べるもの イモ虫 毛虫 飛ぶ虫  樹の虫 草の実 水草 木の実 果実  花の蜜 地中の生き物 地表の生き物 魚など プランクトン 小鳥 カエル 小動物 雑食 干潟の生き物

チュウヒ

●●●

冬 | ⛰ 草原 | 〰 川、河原 | ⊞ 農耕地干拓地

翼開長
113
～
137
cm

目安鳥
カラス

多くは冬鳥として飛来、ヨシ原のある広い湿地で、中に潜む小鳥や小動物など狩りをして暮らす。体の色は絵をはじめとし変異が多く見られ、それらを楽しむのも冬のヨシ原の醍醐味。またチュウヒがいる環境は他の猛禽類も多く粘って観察してみよう。

チョウゲンボウ

●●○

漂

⛰ 草原

〰 川、河原

⊞ 農耕地干拓地

翼開長
69
～
76
cm

目安鳥
ハト

本州の海岸や断崖、ビルなどで繁殖し、冬には開けた場所に移動。とがった翼でひらひらと飛ぶ。特徴的な長い尾の縁に黒い帯が入る。ハヤブサの仲間の顔つきはワシやタカとくらべてさほど精悍ではないが、狩りをする姿は逞しい。

ノスリ

○○●

留

⛰ 草原

⊞ 農耕地干拓地

〰 川、河原

翼開長
122
～
137
cm

目安鳥
カラス

北海道～四国の低山で繁殖し、冬は各地でよく見られる。翼と尾を広げて輪を描いて飛ぶことが多く、見上げた時に、翼の前面中ほどに大きな濃い模様がある。また飛翔時に翼がV字になる。黒目がちで可愛らしい顔つきをしている。

ハヤブサ

○●●

留

⛰ 草原

〰 川、河原

〜 海、海岸港

⊞ 農耕地干拓地

翼開長
84
～
120
cm

目安鳥
カラス

繁殖は海岸の断崖で、山の絶壁や、ビル群などの似た環境でも記録がある。翼をつぼめ一直線に獲物を狙って急降下し足で蹴って、自分より大きな鳥も狩る姿から、隼の文字は勇ましい鳥、気性の荒い鳥の意味でも使われる。頬の黒斑が目立つ。

野鳥図鑑　タカの仲間

豆知識 | 夏に日本に飛来し、繁殖を終えたサシバやハチクマなどの猛禽類は、越冬地を目指すときは同じルートに集まり団体で帰っていく。渡りのルートは少しずつ変わっているのが現状だ。

野鳥図鑑

水辺の鳥

カワセミ（♂）

留 ┃ 川、河原 ┃ 湖や沼、池

体長 **17** cm

目安鳥 スズメ

北海道では夏鳥。全国の河川や湖沼で見られる。環境の指針になる鳥。翡翠とも表し羽の色合いが美しく、ファンが多い。杭や、停空飛翔で、水中の魚を見つけ、クチバシで捕る。♀は下くちばしが紅をさしたように赤い。幼鳥は全体に色がくすむ。

オオヨシキリ

夏 ┃ 草原 ┃ 川、河原 ┃ 湖や沼、池

体長 **18.5** cm

目安鳥 ムクドリ

河川のヨシ原で元気よく鳴き続ける鳥がいたら、声を頼りに探してみよう。鳴き声から「行行子」とされ、夏の季語となっている。カッコウに托卵される。農薬の影響で餌になる虫が激減、またヨシ原の減少もあり、数が少なくなっている。

セグロセキレイ

留 ┃ 川、河原 ┃ 湖や沼、池

体長 **21** cm

目安鳥 ムクドリ

九州以北で繁殖、内陸の湖沼や中流以上の川を好む。黒と白のコントラストが美しい。ハクセキレイは良く似るが顔が白く、また好む環境が違うため同時に見られる場所は多くない。日本の固有種として海外のバードウォッチャーに人気。

キセキレイ

留 ┃ 低い山や林 ┃ 川、河原 ┃ 湖や沼、池

体長 **20** cm

目安鳥 ムクドリ

主に九州以北で繁殖、低地から2000m級の山まで広い範囲で見られる。北海道では夏鳥。尾を激しく上下しながら、時々舞い上がって、川縁を軽やかに移動。胸から腹にかけての黄色は鮮やかで美しく、花が舞っているような錯覚に陥るほど。

食べるもの　イモ虫　毛虫　飛ぶ虫　樹の虫　草の実　水草　木の実　果実　花の蜜

地中の生き物　地表の生き物　魚など　プランクトン　小鳥　カエル　小動物　雑食　干潟の生き物

イソヒヨドリ（♂）

| 留 | 海、海岸港 | ビル街 | 住宅地 |

体長 **25.5cm**　目安鳥 ムクドリ

全国の海岸の岩場やビル街で留鳥、または漂鳥。光線の加減で多用な青に見える。炎天下ではむしろ胸の赤茶色がめだつ。電柱や屋根に体を立てて止まる。♀は青い羽はなく茶色みがかる。近年、内陸にも著しい勢いで進出している。

イソシギ

| 留 | 川、河原 | 干潟 | 湖や沼、池 | 海、海岸港 |

体長 **20cm**　目安鳥 ムクドリ

九州以北の河原や湖畔で繁殖、冬には本州中部以南に多い。川の堰や、川縁を、上下に尾を振りながら歩く。色目は地味で模様がなくべったりと見え、おなかの白い部分が翼の付け根に食い込んでいる。「チーリーリー」と、か細い声で鳴く。

タヒバリ

| 冬 | 川、河原 | 農耕地干拓地 | 海、海岸港 |

体長 **16cm**　目安鳥 スズメ

冬鳥として飛来、地面に降りていることが多いが、春の渡り時には電線や枯れ枝にとまることも。冬の河原で出会うのが楽しみな鳥。セキレイと同じように尾を元気に振って歩く。色目は地味だが、仕草が楽しく、カモ観察の時に川岸に目をやろう。

タシギ

| 冬 | 川、河原 | 農耕地干拓地 | 湖や沼、池 |

体長 **26cm**　目安鳥 ムクドリ

本州以南で冬鳥または旅鳥。ジシギ類は、真っ直ぐなクチバシと、短めの首、複雑な羽模様を持つのが特徴。土や枯れ草と似た色目で、見つけづらく、危険を察すると草むらに逃げ込む。足元からいきなり飛び立つこともある。

野鳥図鑑　水辺の鳥

コサギ

留 ／ 川、河原 ／ 農耕地干拓地 ／ 湖や沼、池 ／ 干潟

体長 61cm　目安鳥 カラス

本州以南で留鳥。北海道では夏鳥。いわゆるシラサギの仲間の中で一番小さい。繁殖期には冠羽と、腰に見事な飾り羽（蓑毛）が生え、サギ草の名前もこの姿からついた。黄色い足袋をはいたような足指が特徴で、ルアー代わりに水中で使って魚を追い出すこともする。

ササゴイ

夏 ／ 川、河原 ／ 湖や沼、池

体長 52cm　目安鳥 カラス

夏鳥として飛来、中部以南で一部越冬。翼の羽に白い縁があり、閉じた時に笹を重ねたように美しい。木の葉を水面に落として魚をおびき寄せ、漁をする個体もいる。ゴイサギよりもスマートで、ヨシ原内に隠れていることが多い。

ダイサギ

留 ／ 川、河原 ／ 湖や沼、池 ／ 海、海岸港 ／ 干潟

体長 80〜104cm

（夏羽婚姻色）

本州以南では留鳥、北海道では夏鳥だが繁殖記録はない。白いサギの仲間では国内最大。サギ類は飛ぶ時に首をS字に曲げるのが特徴。繁殖期のはじまり（右絵）のみ蓑毛が生え、クチバシが黒く、目の付け根が緑になる。ほとんどの時期はクチバシは黄色で足が黒。

アオサギ

留 ／ 川、河原 ／ 低い山や林 ／ 湖や沼、池 ／ 干潟

体長 95cm

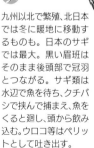

九州以北で繁殖、北日本では冬に暖地に移動するものも。日本のサギでは最大。黒い眉班はそのまま後頭部で冠羽とつながる。サギ類は水辺で魚を待ち、クチバシで挟んで捕まえ、魚をくると廻し、頭から飲み込む。ウロコ等はペリットとして吐き出す。

食べるもの イモ虫　 毛虫　 飛ぶ虫　 樹の虫　 草の実　 水草　 木の実　果実　花の蜜

地中の生き物　地表の生き物　魚など　プランクトン　小鳥　カエル　小動物　雑食　干潟の生き物

ゴイサギ

| 留 | 🌲 低い山や林 | 〰 川、河原 | 〰 湖や沼、池 |

体長 **57.5 cm**　目安鳥 カラス

本州〜九州で繁殖。留鳥または漂鳥。夜行性。夜の川沿いで低い「クワッ」という声に驚かされる。成鳥は白い冠羽と赤い目が美しい。幼鳥はホシゴイと呼ばれ淡い茶色の体全体に、白い模様が入る。首が太短く、ずんぐりとした印象。

チュウサギ

| 夏 | ⋯ 干潟 | 〰 湖や沼、池 | 🌾 農耕地干拓地 | 〰 川、河原 |

体長 **68.5 cm**

（左：夏、右：冬）

本州以南に主に夏鳥として飛来。一年を通して見られるダイサギと、コサギの、ちょうど中間の大きさ。並んでいると大きさの差が顕著。首が太く、1羽でいるとガッシリとしたコサギのような印象。夏は蓑毛が生え、クチバシの先が黒くなる。

アマサギ

| 夏 | 〰 川、河原 | 🌾 農耕地干拓地 | 🏔 草原 |

体長 **50.5 cm**　目安鳥 カラス

主に夏鳥として飛来。コサギよりも小さくクチバシが短い。夏羽は鮮やかな橙色の飾り。少数越冬するが、冬羽は白く頭部が淡く黄色い。サギは他のサギとコロニーと呼ばれる集団繁殖地を定め繁殖するが、糞や臭いで嫌われる。

ヨシゴイ

| 夏 | 〰 湖や沼、池 | 🌾 農耕地干拓地 | 〰 川、河原 |

体長 **36.5 cm**　目安鳥 ハト

ヨシやイネの中に潜んでいることが多いため、なかなか見つけられない鳥の一つ。人が近づくと首を思い切りのばしてヨシの茎の振りをする。地味な鳥だが、観られるとワクワクする。しぐさや表情に味わいがある。

野鳥図鑑　水辺の鳥　サギの仲間

| 豆知識 | ゴイサギのゴイは正五位のゴイ。醍醐天皇の時代、美しい庭ができ、この鳥を庭にと所望した帝の意のままに連れてこられ、お褒めの言葉と一緒に五位の位を授かったとか… |

タゲリ

冬 ｜ 川、河原 ｜ 農耕地・干拓地

体長 31.5cm ｜ 目安鳥 ハト

主に冬鳥として本州以南に飛来。幅の広い翼でふわふわと飛び、群れを作る時も編隊を組まない。美しい冠羽と、猫のような「ミャァ」という声が人気。背中の色は光線によって緑光沢色にも紫味の強い色にも見える。翼下面とおなかの白が目立つ。

ケリ

冬 ｜ 農耕地・干拓地

体長 35.5cm ｜ 目安鳥 ハト

「キリッキリッ」と力強い声で鳴き、それが名前の由来になっている脚の長いチドリの仲間。本州以南で繁殖、雪が降る地域では冬は暖かい場所に移動。飛んだ時にお腹や羽の白い部分が目立ち、美しい。

ムナグロ

旅 ｜ 干潟 ｜ 農耕地・干拓地 ｜ 川、河原 ｜ 海、海岸・港

体長 24cm ｜ 目安鳥 ムクドリ

旅鳥として数多く飛来、南西諸島では越冬。黒い黄褐色コントラストが美しい。群れで飛来し、他のチドリといることが多く、賑やかに「キビョッ、キビョッ」と鳴き交わす。ダイゼンは、良く似ているが背中がモノトーンで、もっと大きい。

ダイゼン

旅 ｜ 干潟

体長 29.5cm ｜ 目安鳥 ムクドリ

繁殖羽はモノトーンでスタイリッシュなチドリの仲間。もう一回り小さなムナグロは金茶色の模様が混じる。シギやチドリの繁殖羽はタイミングが合わないとなかなか見られないが、シルエットでどの鳥かわかるよう観察したい。

 食べるもの

 イモ虫　 毛虫　飛ぶ虫　樹の虫　草の実　水草　木の実　果実　花の蜜
地中の生き物　地表の生き物　魚など　プランクトン　小鳥　カエル　小動物　雑食　干潟の生き物

キョウジョシギ（♂）

| 旅 | 干潟 | 海、海岸 港 | 川、河原 |

体長 **22cm** 目安鳥 ムクドリ

主に旅鳥として飛来。干潟以外にも岩や砂の海岸で見られる。識別が手ごわいシギの中で、顔の派手な模様と背中の色とのコントラストで、一回見たら忘れられない鳥。「京女鴫」「狂女鴫」とも表すのはその華やかな姿からきたもの。足が短くハトのような印象。

セイタカシギ（♂）

| 旅 | 干潟 | 海、海岸 港 | 農耕地 干拓地 |

体長 **37cm** 目安鳥 ハト

旅鳥として飛来するが数は少ない。干潟で見られるシギチドリの中で一番足が長く、アンバランスな印象。以前は憧れの鳥の一つだったが、生息地が広がっているせいか見かけることが多くなった。頭の白い個体は若鳥、薄茶色の背のものは幼鳥。

チュウシャクシギ

| 旅 | 干潟 | 海、海岸 港 | 川、河原 | 農耕地 干拓地 |

体長 **42cm** 目安鳥 ハト

主に旅鳥として、干潟だけでなく海岸の草原、砂浜にも多数飛来。繁殖地は草原なので牧場などに飛来することもある。大型で下に曲がった長いクチバシは先端が柔らかくなっており、干潟などをつついて土中深くに餌があっても、器用に捕まえることができる。

オオソリハシシギ（♂）

| 旅 | 干潟 | 海、海岸 港 | 湖や沼、池 |

体長 **41cm** 目安鳥 ハト

旅鳥として飛来。群れで見られることもある。やや上向きの長いクチバシと、角ばって見える額が特徴。夏羽は図のようでとても鮮やかで、広い干潟でも目立つ。ゴカイやミミズ、カニなどを干潟の中からクチバシで探す。冬羽は左図チュウシャクシギに似る。

野鳥図鑑　水辺の鳥　シギの仲間

豆知識　干潟に行って、ずいぶん石が多いなあと双眼鏡で覗くと、全部がシギ・チドリだったというほど昔の日本の海岸線は自然豊かだった。今ある干潟を死守していくのが現代人の務めだろう。

コチドリ

夏 ／ 川、河原 干潟 海、海岸 港

体長 16cm
目安鳥 スズメ

主に夏鳥として飛来、越冬するものもいる。日本でみられる最小のチドリ。顔と胸にある線がはっきりしていて目の周りの黄色も鮮やか。チョコチョコと走っては立ち止まる、酔っ払いの千鳥足はこの行動からきている。

シロチドリ

留 干潟 海、海岸 港

体長 17.5cm
目安鳥 スズメ

全国的に繁殖、冬は本州以南に群れで住む。額から眉斑が白く、コチドリよりも顔がすっきり見える。また胸の黒い模様は真ん中で切れている。飛び立った時の翼の上面の白い模様も特徴。海岸などでチョコチョコ歩く鳥がいたら要注意。

ハマシギ

冬 旅 干潟 海、海岸 港 川、河原

体長 21cm
目安鳥 ムクドリ

冬鳥または旅鳥として飛来。夏羽は赤茶と、黒の対比が美しい。群れで移動し、大群が一斉に飛び立つと、翼の白が目立ち鮮やか。翼の冬羽は背中が灰色、おなかが白く地味だが、かすかに湾曲しているクチバシで識別できる。

キアシシギ

旅 干潟 海、海岸 港 川、河原

体長 25.5cm
目安鳥 ムクドリ

主に旅鳥として干潟や入り江に多数飛来。特徴のないのが特徴といわれ、シギの物差し鳥だったが、近年環境の悪化からシギ全体の飛来数が減少しており、この鳥も減っている。「ピューイピューイ」とよく通る高い声で鳴くので耳を澄ませてみよう。

食べるもの　イモ虫　毛虫　飛ぶ虫　樹の虫　草の実　水草　木の実　果実　花の蜜
地中の生き物　地表の生き物　魚など　プランクトン　小鳥　カエル　小動物　雑食　干潟の生き物

メダイチドリ

旅　| 干潟　| 海、海岸　港　| 農耕地　干拓地

体長 **19.5** cm　目安鳥 ムクドリ

主に干潟に飛来する旅鳥。小型のチドリよりは一回り大きく、夏羽は♂は鮮やかな朱色、♀もふんわりとした朱色でとても目立つ。波打ち際を行ったり来たりする姿は、何時までも見ていて飽きない。冬羽は地味になる。

ミユビシギ

旅　| 冬　| 干潟　| 海、海岸　港

体長 **20** cm　目安鳥 ムクドリ

三趾鷸と漢字で表すように、他のシギは足指が4本あるが、このシギは3本が大きな特徴。その指を揃えて走る姿は、何とも可愛く、小型のシギの中では断トツの人気者。小型のシギの群れ中には珍しいシギも入るので要注意。

アオアシシギ

旅　| 干潟　| 海、海岸　港　| 農耕地　干拓地

体長 **33** cm　目安鳥 ハト

決して派手さはないが、美しいシルエットと鳴き声で人気の高いシギの一つ。その昔、干潟を臨む土手で、口笛で「ピョーピョー」と鳴きまねをして振り向く人がいたら、野鳥が好きな人といわれていた。姿も声もシギらしいシギ。

ソリハシシギ

旅　| 干潟　| 海、海岸　港　| 農耕地　干拓地

体長 **23** cm　目安鳥 ムクドリ

良く観るキアシシギと姿、かたち、足の色まで一緒だが、チョコマカと騒々しくよく動き回ることと、クチバシが上に反っていることで識別ができる。日本で見られるシギでは、オオソリハシシギとソリハシシギだけがはっきり反ったクチバシの持ち主。

豆知識　小型のシギは波打ち際にいることが多く、それでファンも増えている。ミユビシギは足指を揃えてダンスをするかのよう、ハマシギは大きな群れで存在を主張し、見飽きることがない。

カイツブリ

●●●

留 | 湖や沼、池 | 川、河原

体長 26cm

目安鳥 ムクドリ

日本全国で繁殖、北日本では冬に南下。身近な水に浮く鳥で一番小さい。鳩の浮き巣といわれる、杭や草を利用した巣を作るが、カメなどにこわされることもある。ヒナを背中に乗せ移動する姿も見られるが、驚かさないよう細心の注意を。

バン

○●●

留 | 湖や沼、池 | 川、河原 | 農耕地干拓地

体長 32.5cm

目安鳥 ハト

全国的に繁殖、冬季は関東以南で多く見られる。クチバシにつながる赤い部分は額板と呼び、目と共に赤いものは成鳥。ヒナは全体に茶色い。足指がとても長く、水辺の草の上を上手に歩く。水かきがなく、首を前後に動かしながら水面を進む。

カルガモ

●○●

留 | 川、河原 | 湖や沼、池

体長 60.5cm

目安鳥 カラス

全国的に繁殖する。夏に見られるカモはほぼ本種。足は鮮やかな橙。お濠のカルガモの引っ越しで有名だが、身近な街中でも繁殖の様子が見られる唯一のカモ。充分な距離をとって観察しよう。人がヒナにふれることは御法度。その先には死しかない。

マガモ（♂）

●○○

冬 | 川、河原 | 湖や沼、池

体長 59cm

目安鳥 カラス

少数は本州以北の湖沼で繁殖するが、主に冬鳥として多数飛来。頭部の美しい緑光沢色から「青首」と呼ばれ代表的な狩猟対象種。家禽のアヒルの先祖。近年、カルガモとの交雑が増え、どちらともつかない個体も多い。足の鮮やかな橙も目立つ。

食べるもの

 イモ虫 毛虫 飛ぶ虫 樹の虫 草の実 水草 木の実 果実 花の蜜

 地中の生き物 地表の生き物 魚など プランクトン 小鳥 カエル 小動物 雑食 干潟の生き物

オオバン

留 🐦 湖や沼、池 🐦 川、河原

体長 **39cm**
目安鳥 ハト

九州以北で繁殖、以南で越冬。近年増加している。水かきはないが、弁足と呼ばれる横に広がった指を持つため、泳ぎはバンほど不得手ではない。弁足を利用し良く水にも潜る。水質改善で有名となった千葉県手賀沼のシンボルバードである。

コガモ（♂）

冬 🐦 川、河原 🐦 湖や沼、池

体長 **37.5cm**
目安鳥 ハト

一部北海道等で繁殖するが、大部分は冬鳥で多数飛来する。日本で見られるカモの仲間では一番小さい。♂の繁殖羽は複雑で美しく、緑のアイマスクと黄色いパンツで、一目でわかる。開けた池ではなく、隠れ家となる枯れ草がある場所を好む。

オナガガモ（♂）

冬 🐦 川、河原 🐦 湖や沼、池

体長 **75cm**
目安鳥 カラス

冬飛来するカモの中では数が多く、人も怖れない。秋に来たばかりの頃は♀と同じような羽色をしており、その後2週間ほどかけて換羽し、♂は美しい羽色になる。オナガガモの名の由来となった尾は時間をかけて伸びてゆく。首が長くスマート。

ヒドリガモ（♂）

冬 🐦 川、河原 🐦 湖や沼、池 🌊 海、海岸港

体長 **48.5cm**
目安鳥 カラス

冬鳥として飛来。陸に上がることも多い。他のカモに比べて、頭が丸く、クチバシも短いためずんぐりした印象。♂の繁殖羽の黄色い額は、他になく識別ポイント。♀は地味な羽色だが、♂のそばにいる事が多い。

豆知識 カイツブリの背中に乗るヒナは、生まれたての子が優先になるので、お兄さんやお姉さんヒナはちょっと寂しそう。でもちゃんと順番を守る、誰に教わったわけでもないのに。

オシドリ（♂） ●●●

漂 | 低い山や林 | 湖や沼、池 | 川、河原

体長 **45cm**
目安鳥 カラス

四国以外の山地で繁殖。カモの仲間にしては珍しく、ドングリなどの木の実が主食。巣は水辺に近い10m以上の大木の樹洞に作り、ヒナは巣立つ時に飛びおりる。仲の良い夫婦をオシドリ夫婦というが、実際は毎年ペアを変えている。

オカヨシガモ（♂） ●●●

冬 | 湖や沼、池 | 川、河原

体長 **50cm**
目安鳥 カラス

北半球全域で見られる。少数は北海道等で繁殖するが、主に冬鳥。派手な色は一切ないが、芸術品のような美しい羽を持ち、見ていて飽きない。♀は全身茶色、クチバシも橙で、マガモの♀に良く似ているが、本種の方が小さい。

ホシハジロ（♂） ●●●

冬 | 湖や沼、池 | 川、河原 | 海、海岸港

体長 **45cm**
目安鳥 カラス

北海道で繁殖例があるが主に冬鳥。正面から見ると、頭のかたちがおむすびのようで、赤い目が特徴。水に潜って餌を探すため、潜りやすいよう、足はかなり尾に近い部分についている。陸に上がった姿はバランスが悪い。近年著しく減少。

キンクロハジロ（♂） ○●●

冬 | 湖や沼、池 | 川、河原 | 海、海岸港

体長 **40cm**
目安鳥 ハト

主に冬鳥として全国に飛来。ごく一部が夏に残るものもある。金色の目、黒い体、脇の羽が白い、特徴を全部入れた名前となっている。♂の頭頂には冠羽があり、揺れるさまはチャーミング。こぶりで身近な潜水カモである。♀は全体的に濃茶色。

食べるもの　　
イモ虫　毛虫　飛ぶ虫　樹の虫　草の実　水草　木の実　果実　花の蜜
地中の生き物　地表の生き物　魚など　プランクトン　小鳥　カエル　小動物　雑食　干潟の生き物

○●●

ハシビロガモ（♂）

冬 | 湖や沼、池 | 川、河原 | 海、海岸港

体長 50cm

目安鳥 カラス

北海道で繁殖記録はあるが、主に本州以南で冬鳥。日本でみられるカモの中で、一番特徴のある幅広いクチバシから、一目で本種とわかる。♂の頭部は緑光沢色だが、光線の具合で黒っぽくみえることもある。まず、このカモを覚えよう。

○●●

ヨシガモ

冬 | 湖や沼、池 | 川、河原 | 海、海岸港

体長 48cm

目安鳥 カラス

足元には寄ってこないが、特徴のある緑光沢色の冠羽を持っているので、一目見たら忘れられないカモ。緑光沢色は、光の角度によっては鮮やかな緑に、西日の下では紫色にみえることもある。♀は冠羽はなく地味な羽色。

○●●

スズガモ（♂）

冬 | 川、河原 | 海、海岸港

体長 45cm

目安鳥 カラス

冬鳥として内湾や河口に多数飛来。大きな群れで動く。海面で、モノトーンのものが波に浮いていたら目を凝らそう。♀のクチバシの付け根は白く、目立つ。スズガモの名前は、飛ぶ時の羽音が鈴の音に似ていることから。海ガモでは一番見つけやすい。

●○●

トモエガモ

冬 | 湖や沼、池 | 川、河原

体長 40cm

目安鳥 ハト

緑と黄色の巴模様の顔が目立つ。時に神様は不思議な采配をするという言葉を信じたくなるほど美しいその特徴で、遠くから見ても間違えることはない。♀は地味な色目だが、♂と同じシルエットの頭をもっている。

野鳥図鑑　水辺の鳥　カモの仲間

豆知識 | カモは毎年同じ種類が同じ数だけ飛来するわけではない。年によって大きく差が出るのがトモエガモ。多数が飛来していたホシハジロは急速に減少、絶滅危惧種になるかもと懸念している。

カンムリカイツブリ

冬 湖や沼、池 川、河原 海、海岸港 干潟

体長 56cm

目安鳥 カラス

身近な真ん丸シルエットのカイツブリとは大きく違う、長い首を持つカイツブリ。繁殖羽の美しい冠羽は王冠を抱いたよう。シルエットが独特で、喉の鮮やかな白さから、冬羽で会ってもこの鳥とわかるのも嬉しい。

ミコアイサ(♂)

冬 湖や沼、池 川、河原 干潟

体長 42cm

目安鳥 カラス

主に冬鳥として飛来。パンダガモの異名をもつ。日本で普通に見られるアイサ類は3種で、本種が一番小さく一番目立つ。白い姿が清々しく目に映り、巫女さんの白装束のようとこの名がついた。会えると嬉しい鳥。他のカモと違い魚が主食。

野鳥図鑑

水辺の鳥

ミヤコドリ

冬 旅 海、海岸港 干潟

体長 45cm

目安鳥 カラス

その頑強なクチバシで砂の中の二枚貝を探し、こじ開けて中身を食べる。以前は東京湾三番瀬の冬の風物詩だったが、貝の乱獲から、都内で見られなくなるのではと心配されている。赤と白と黒、歌舞伎役者のような羽色が特徴。

クロサギ

留 海、海岸港

体長 62.5cm

目安鳥 カラス

本州以南に多い海岸に住むサギ。全身黒く、サギにしては足が短め。単独で海岸の岩場にいることが多い。奄美大島以南では全身真っ白の「クロサギ：白色型」も生息する。ウミウということも多いので行動の違いを観察してみよう。

食べるもの イモ虫 毛虫 飛ぶ虫 樹の虫 草の実 水草 木の実 果実 花の蜜 地中の生き物 地表の生き物 魚など プランクトン 小鳥 カエル 小動物 雑食 干潟の生き物

カワアイサ

冬 🦆 湖や沼、池　🦅 川、河原　〰️ 海、海岸港
(北海道では繁殖)

体長 **65cm**
目安鳥 カラス 🐦

淡水カモの群れ近くにいることが多い。カモとの違いはお尻のシルエット。アイサ類は水にちゃぽんと潜るので、尾が沈んでいる。水の中に潜っては熱心に魚をとっている。潜るときのポーズもチャーミング。

ウミアイサ

冬 🦆 湖や沼、池　🦅 川、河原　〰️ 海、海岸港

体長 **55cm**
目安鳥 カラス 🐦

色味はカワアイサに似るが、二回りほど小さく、特徴ある冠羽と、脇のまだら模様で識別ができる。水に潜って餌を探すのはアイサ類共通の特徴だが、ウミアイサは海の波間に漂っていることが多く、探しているうちに酔うことも。

カワウ

留 🦅 川、河原　🦆 湖や沼、池　〰️ 海、海岸港　▦ 干潟

体長 **82cm**

九州以北で繁殖。カラスより大型で黒いため目立つ。大都会の空を数十羽の群れで移動する姿は壮観。羽を乾かす仕草や、潜って魚をとる動作など、じっくり観察すると面白い。サギと同様に糞の被害を訴えられることもある。

ウミウ

留　〰️ 海、海岸港　🦆 湖や沼、池

漂

体長 **84cm**

古事記の時代から日本人にはなじみのある海鳥。公園の池や、川にいるカワウよりも一回り大きく、骨格もしっかりしている。年を経た鳥は黒い頭の羽が白くなっていく。鵜飼のウは、このウミウで行っている。

野鳥図鑑　水辺の鳥

豆知識　東京都の鳥はユリカモメ。別称ミヤコドリで、都の鳥になった。しかし、本当のミヤコドリは粋で鑑背な姿をしている。ブッポウソウとコノハズクも様々な誤解があった鳥名だ。

コアジサシ

 夏 干潟 川、河原 湖や沼、池 海、海岸、港

体長 **25cm**
目安鳥 ハト

夏鳥として飛来。本州以南で繁殖。すっと伸びた翼と、二股に分かれた尾が美しい。ゆったりと水面を水平に飛び魚を見つけると急降下する。砂利の多い河原に、石と同じ色のタマゴを直に生み、子育てする。

アジサシ

 旅 干潟 湖や沼、池 川、河原

体長 **35.5cm**
目安鳥 ハト

春と秋に、主に旅鳥として多数飛来する。長い翼と、二股に分かれた尾で、青い海を背景に飛ぶ姿は爽やかで絵になる。砂浜や、杭、堤防などにとまって休むが、カモメ類と違ってスマートで美しい。コアジサシと同じように魚をとる。

カモメ

 冬 干潟 川、河原 湖や沼、池

体長 **42cm**
目安鳥 カラス

冬鳥として主に九州以北の海岸や河口に飛来。目の黒いカモメは、ユリカモメと本種で、可愛く見える。飛んだ時に、翼の先の黒い模様と、真っ白な尾が特徴。大きさはセグロカモメ程度。カモメの仲間はいろいろな種類で群れる。

ウミネコ

 留 干潟 川、河原 湖や沼、池

体長 **45cm**
目安鳥 カラス

全国各地で繁殖する、一番身近なカモメ。「ミャーオミャーオ」という猫の鳴き声で、海にいる猫のような声で鳴く鳥ということで名前がついた。成鳥になっても尾に黒い帯が入る唯一のカモメ。日本の周辺でしか繁殖していないが、数は多い。

 食べるもの イモ虫 毛虫 飛ぶ虫 樹の虫 草の実 水草 木の実 果実 花の蜜
地中の生き物 地表の生き物 魚など プランクトン 小鳥 カエル 小動物 雑食 干潟の生き物

ユリカモメ

冬 ▨ 干潟 〰 川、河原 〰 湖や沼、池 〰 海、海岸港

体長 41cm

目安鳥 カラス

冬鳥として多数飛来。小柄なカモメ。黒目なので愛らしい顔に見える。頭部の灰色の模様と、赤いクチバシと足が目立つ。繁殖期には頭が黒くなるため、春先に北へ帰る頃には、頭の模様に個体差が出る。別称は都鳥だが、鳥のミヤコドリは別にいる。

シロカモメ

冬 〰 海、海岸港 ▨ 干潟

体長 62〜70cm

目安鳥 カラス

冬に飛来するカモメは30種近くと実に様々だが、大型のカモメで翼の先が白いのは、唯一、シロカモメである。港で普通にみられるカモメの中では一番大きく、青空や冬の海を背景に飛び舞う姿は美しいが、どう猛さも持ち合わせている。

セグロカモメ

冬 ▨ 干潟 〰 川、河原 〰 海、海岸港

体長 61cm

目安鳥 カラス

冬鳥として九州以北の海岸に多数飛来。背黒と名に入ってはいるが淡い灰色。成長ごとに羽色が変化し、類似種も多いため識別は難しい。冬の港では、水揚げの魚を狙う、何万ものカモメの群れと出会うので、寒さ対策をして観察を。

オオセグロカモメ

漂 ▨ 干潟 〰 川、河原 〰 海、海岸港

体長 61.5cm

目安鳥 カラス

東北アジアのみに生息。青森以北で繁殖、冬は南下するが西日本には少ない。本書に掲載しているカモメの中で一番背中の色が濃い。目の周りが黒くみえるため、目つきが悪く感じる。歌謡曲の「ゴメ」はかもめ全体を指す、北海道の方言。

野鳥図鑑 水辺の鳥 カモメの仲間

豆知識 千葉県銚子港では毎年、冬に数万のカモメの群れが飛来していた。漁業の衰退で、おこぼれが少なくなりカモメの数も減っているが、それでも見応え充分。ぜひ見に行こう。

クイナ

●●●

冬  湖や沼、池 ／ 川、河原 ⊞ 農耕地干拓地

（北日本では繁殖）

体長 29cm
目安鳥 ハト

羽色は実に複雑な色をしており、この姿でヨシ原や水草の間に隠れているので、見る機会は本当に少ない。そんなに小さな体ではないが、極めて臆病。「水鶏」と漢字で書いたほうが日本人にはなじみ深いかもしれない。

ヒクイナ

●●●

夏  湖や沼、池 ⊞ 農耕地干拓地 ／ 川、河原

体長 22.5cm
目安鳥 ムクドリ

今の熱帯のような夏以前の、日本の夏を謳った抒情歌『夏は来ぬ』には多くの鳥が登場する。この鳥の戸を叩くような鳴き声も夏の風物詩であったとわかる。「水鶏（クイナ）叩く（鳴く）」は今も俳句の夏の季語である。

マガン

●●○

冬  湖や沼、池 ⊞ 農耕地干拓地 〰 海、海岸港

体長 72cm

群れを作って移動するガンの仲間は、列をなして飛ぶ姿も、落穂のある農耕地に佇む姿も、全てが絵になる。鳴きかわしながら、西の空を目指す姿を描いた歌も多い。カモと違い、ファミリーで何年も一緒に行動する。

ヒシクイ

●●○

冬  湖や沼、池 ⊞ 農耕地干拓地 〰 海、海岸港

体長 78〜100cm

この鳥の亜種オオヒシクイの越冬地の南限は茨城県稲敷市。地元の人が二番穂を残しながら保護に邁進している。ガンの仲間は身体の大きさの割にとても警戒心が強い。もし見つけても、近寄らずに距離を保ち、姿を観察しよう。

食べるもの イモ虫 毛虫 飛ぶ虫 樹の虫 草の実 水草 木の実 果実 花の蜜
地中の生き物 地表の生き物 魚など プランクトン 小鳥 カエル 小動物 雑食 干潟の生き物

○●●

クロツラヘラサギ

| 冬 | 干潟 | 農耕地 干拓地 | 海、海岸 港 |

体長
73.5
cm

ご飯をよそうへらのようなクチバシは、実はやわらかくてものを上手につかめる。繁殖地も不明な幻の鳥だったが、近年の研究で朝鮮半島の38度線で繁殖していることがわかった。生息する全ての国で熱心に保護されている。

○●●

コウノトリ

| 留 | 川、 河原 | 農耕地 干拓地 |

体長
112
cm

1971年、野生絶滅した。高い木に巣を作り、田んぼや河川の魚類やカエルが餌。農薬が原因で絶滅した。最後の繁殖地の兵庫県豊岡市では、無農薬のコメ作りなど、官民一体となったコウノトリ放鳥の保全に取り組み大成功をおさめている。

○●○

オオハクチョウ

| 冬 | 湖や 沼、池 | 農耕地 干拓地 | 海、海岸 港 |

体長
140
cm

世界中でスズメ、ツバメ、ハト、カラス以外で一番認知度が高い鳥。優美な姿は白鳥伝説を各地に生み、星座も輝き、クラシックバレエの題名としても良く知られる。古事記では日本武尊の化身として描かれている。家族で暮らしている。

○●○

コハクチョウ

| 冬 | 湖や 沼、池 | 農耕地 干拓地 | 海、海岸 港 |

体長
120
cm

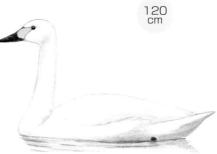

実はクチバシの黄色と黒の境目のかたちで、個体識別ができるといわれている。全ての鳥が同じ種類でも全く同じ色合いとは限らない良い例。都立善福寺公園の池に飛来したこともあり、多くの人を驚かせた。

豆知識　ガンの仲間は、適度な距離を保っていれば、ゆっくりと観察をさせてくれることが多い。遠くシベリアからようこそ！という思いで、リスペクトの気持ちで迎えたい。

オオワシ

冬 | 空 | 湖や沼、池 | 海、海岸港
（北日本で）

翼開長
220〜245cm

スタイリッシュな色合い、翼開長は2mを優に超える壮大な姿は、北の冬景色に映え、あこがれる人も多い。ただ時々ぼんやりしていて、氷上で獲ってきた魚をカラスに横取りされることも。そこも含めて魅力的な鷲。

オジロワシ

冬 | 空 | 湖や沼、池 | 海、海岸港
（北日本で）

翼開長
199〜228cm

オオワシ同様翼開長が2mを越えるため、この2種のワシが北国の青空に飛んでいると、それだけで感動を覚える。国道沿いの電柱や、道端に降りていると、その大きさに驚くが、そこも合わせて楽しめる鳥だ。

シマエナガ

留 | 低い山や林
（北海道で）

体長
13.5cm

目安鳥
スズメ

顔にもどこにも縞模様がないのにシマエナガ。この「シマ」は北海道のことをあらわしている。本州以南に住むエナガの亜種なので、習性はエナガと一緒。この小さな体で広大な北の大地の冬を乗り切る、可憐で逞しい鳥。

ユキホオジロ

留 | 海、海岸港
（北海道で）

体長
16cm

目安鳥
スズメ

主に北海道に群れで飛来するが、その年によって飛来数が大きく違い、会えるか会えないかは運といわれている鳥の一つ。だからこそ、会えた時の喜びは大きく、凍えるような外気の中でも何時までも見ていたくなる。

食べるもの

 イモ虫　 毛虫　飛ぶ虫　樹の虫　 草の実　水草　 木の実　 果実　 花の蜜
地中の生き物　地表の生き物　魚など　プランクトン　小鳥　 カエル　 小動物　雑食　干潟の生き物

シマフクロウ

留 (北海道で)	低い山や林	湖や沼、池	川、河原

体長
70
cm

その絶対数も限りなく少ない、大型のフクロウ。コタンクルカムイと呼ばれ、アイヌの人たちにとって神の鳥であり、貴重な鳥だからこそ、観に行くときもマナーを厳守したい。釧路市動物園で保護された個体を展示しており、生態を知ることができる。

タンチョウ

留 (北海道で)	草原	川、河原	湖や沼、池

体長
140
cm

北海道東部の湿原で繁殖。日本人には馴染みの深い、日本最大の鳥。赤＝丹、丹を頭に頂く鳥で丹頂。アイヌ語では「サロルンカムイ（湿原の神様）」。明治以降日本での記録は一時途絶えたが1924年に再認され、その後時間をかけて保護されてきた。

ノゴマ

夏 (北海道で)	低い山や林	草原

体長
15.5
cm

目安鳥
スズメ

北海道の夏の風物詩といえば、ノゴマのさえずり。小さな体だが胸を堂々と張り、元気にさえずるその姿は、観るものにも元気を与えてくれる。港や、草原の思いがけないところでさえずっていることも多いので、声がしたら立ち止まろう。

ミヤマカケス

留 (北海道で)	低い山や林

体長
33
cm

目安鳥
ハト

北海道に住むカケスの亜種。習性はカケスと同じだが、ミヤマカケスは目元が愛くるしい。飛んでいる姿も何処か茶目で憎めない。彼らは、木の実などを木の幹や石の間に隠す"貯食"をする習性がある。

豆知識	このページの鳥は、道東に行けば全部観察できる鳥。世界中のバードウォッチャー垂涎の地が根室半島。垂涎といわれるだけの価値がある。落石ネイチャークルーズも体験してみてほしい。

アカコッコ ●●●

留 | 低い山や林 | 農耕地干拓地
（伊豆諸島で通年）

体長 **23 cm**
目安鳥 **ムクドリ**

三宅島を中心に伊豆諸島、南西諸島などにも一部生息。三宅島噴火の際は近隣の島に逃げ、落ち着くと戻ってきた。落ち葉をクチバシで散らし餌を探す姿から、現地では「ゴミカキ」と呼ばれる。ハシブトガラス・イタチ・ネコなどが脅威。

オーストンヤマガラ ●●

留 | 低い山や林
（三宅島で通年）

体長 **15 cm**
目安鳥 **スズメ**

三宅島を中心とする伊豆七島にすむヤマガラの亜種。人なつこい鳥で、仕草も可愛い。主食は伊豆諸島に自生するスダジイのドングリだが、近年スダジイタマバエの被害でドングリが著しく不作。深刻な事態となっている。

メグロ ●○●

留 | 低い山や林

体長 **13.5 cm**
目安鳥 **スズメ**

世界遺産となった小笠原諸島の中でも、母島列島のみで生息している。朝夕、島を散策していると小道に普通に出てくる。メジロと一緒に果実をつつく。黒いアイマスクと長めのクチバシが特徴。長い船旅をしてもぜひ会いに行きたい鳥だ。

ルリカケス ●●

留 | 低い山や林 | 草原 | 農耕地干拓地
（奄美大島で）

体長 **38 cm**
目安鳥 **ハト**

奄美大島を中心に奄美列島のみで繁殖。カラスの仲間で、カケスと同じくドングリを好み、貯食する。ハシブトガラスやマングースが巣を荒らすことへの対策と、常緑広葉樹の保全などで、減少は食い止められているもようだが、世界的には希少種。

食べるもの
 イモ虫　 毛虫　 飛ぶ虫　 樹の虫　 草の実　水草　木の実　果実　花の蜜
地中の生き物　地表の生き物　魚など　プランクトン　小鳥　カエル　小動物　雑食　干潟の生き物

ホントウアカヒゲ

留 | 低い山や林
（沖縄本島で）

体長 14cm
目安鳥 スズメ

和名はアカヒゲだが学名にはコマドリとついている鳥。学名は一回つけると修正はできず、些細なミスが今日まで影響を及ぼす。ただ、鳥自身は一切お構いなし。大きな声で胸を張ってさえずりながら、南国の木々の間を飛び交っている。

ノグチゲラ

留 | 低い山や林

体長 31cm
目安鳥 ムクドリ

真夏の沖縄の森はとても濃い緑色で、その緑の中でこそ映える羽色をしている。キツツキ類の繁殖は姿も大きいことから目立つことが多いが、もし育雛中の巣穴に気づいても、華麗にスルーして、邪魔をしないことが大事。

ヤンバルクイナ

留 | 低い山や林

体長 30cm
目安鳥 ハト

飛べないことでひっそりと暮らしていた鳥が発見されたのが1981年。大きな話題となった。沖縄本島北部山原地方でのみ生息。山原（ヤンバル）の名がついた。人馴れしているが、野犬の被害以上に、交通事故の多発により激減している。

ズアカアオバト

留 | 低い山や林

体長 35cm
目安鳥 ハト

台湾の同じ種類の鳥の頭が赤いため、ズアカアオバトと名前がついたが、緑の美しい鳥。鳴き声がよく伸びるため尺八鳩とも呼ばれている。ハトの仲間はピジョンミルクという素嚢（そのう）からの分泌物で子育てをする。

豆知識　島の鳥は独特の進化を遂げながら現在を生きている。島の自然に変化があると、一番にここにいる鳥たちの存続が危機にさらされる。島への行き来、滞在には細心の注意を払いたいものだ。

オオミズナギドリ（左）

ハシボソミズナギドリ（右）

春~秋

翼開長
120
cm

オオミズナギドリ

翼開長
97.5
cm

ハシボソ
ミズナギドリ

外洋で波頭を縫うように翼をいっぱいに張って、飛ぶ姿はグライダーのよう。なぎなたの動きと似ているのでミズナギとついたともいわれる。ミズナギドリの仲間は群れでいるので、一羽見かけたらすぐに目に入ってくる。

アホウドリ

通年

翼開長
240
cm

人を恐れることを知らずに、明治の時代に羽毛として利用するために大虐殺が繰り返され、一時絶滅したとされていた。本土から遠く離れた鳥島で、わずかな生き残りが発見され、手厚い保護のもと増加傾向にある。オキノタユウとも呼ばれる。

ミツユビカモメ

冬　海、海岸 港

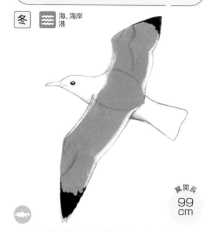

翼開長
99
cm

カモメの目は黄色や赤が目立ち、時に意地悪のように感じるが、ミツユビカモメは黒目で優しい顔をしているのでファンが多い。岸にはなかなか近寄らず、沖に群れで飛んでいることが多い。飛ぶとカモメの大小がよくわかる。

カツオドリ

通年
（外洋で）

海、海岸 港

翼開長
145
cm

小笠原諸島で父島から母島に小さな船で移動する時に、一緒に真横を飛んで歓迎してくれる姿は、とても愛くるしく、楽しい思い出となる。伊豆諸島を旅する時には、海洋にいることもあるので、目を凝らしてみよう。

食べるもの　イモ虫　毛虫　飛ぶ虫　樹の虫　草の実　水草　木の実　果実　花の蜜
地中の生き物　地表の生き物　魚など　プランクトン　小鳥　カエル　小動物　雑食　干潟の生き物

● ● ○

ライチョウ（♂）

留　🏔 高い山
　　や崖

体長
37cm

目安鳥
ハト

（夏羽）

本州のごく一部の高山で繁殖する貴重な鳥。登山者からは「雷神さま」と崇められていた。近年高山への登山者が増えたことでゴミも増え、ゴミを狙ってサルやキツネが増加し、ヒナたちを襲う姿も目撃される。緊急の保護を要する鳥の一つ。

● ● ○

シマアオジ

夏　🌿 草原　🏕 農耕地
（北海道で）　　　　　　干拓地

体長
14cm

目安鳥
スズメ

夏の北海道の風物詩でもあった草原で等間隔にとまり、美しい声でさえずっていた姿はもう見られない。繁殖地の日本ではなく、越冬地に向かう途中の国で捕獲し大量消費した結果がこの鳥の急速な減少に繋がっている。最も危機にさらされている鳥。

● ● ○

カンムリウミスズメ

留

体長
24cm

目安鳥
ムクドリ

海上に住む鳥は、海の中を飛ぶといわれることを実感できる鳥。彼らの体の白い部分が水の中を矢のように泳いでいく姿は美しい。日本特産種で日本近海の無人島で繁殖をしていたが、島にネズミが入り込み、絶滅の危機に瀕している。

○ ● ●

トキ

留　🌲 低い山　〰 川、　🏕 農耕地
　　や林　　　河原　　干拓地

体長
76.5cm

2003年に日本最後の野生のトキ、キンちゃんが、佐渡トキ保護センターで死亡し自然絶滅した。同センターではそれ以前より中国からトキを借り受け、野生復帰のための人工飼育や環境保全に努めているものの課題が多い。

野鳥図鑑　守りたい鳥

豆知識　ここに載せたすべての鳥が存続の危機にあり、保護保全を全力で頑張っている人たちがいる。いろいろなかたちでの支援が求められている鳥たちにもぜひ、目を向けてほしい。

73

ホンセイインコ

体長 40.5cm

鮮やかな羽色と長い尾。大きな声でけたたましく鳴き、群れる。

ソウシチョウ

体長 15cm

街中だけでなく軽井沢でも確認された。似た鳥はいない。

ガビチョウ

体長 15cm

大きな声で鳴き、他の鳥の鳴きまねをして、うるさい。

カササギ

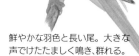

体長 45cm

佐賀では安土桃山時代から野生化。いまでは本州・北海道でも確認。

飼われていた鳥が逃げて野生化したものを「籠抜け」と呼ぶ。野生ではない鳥が戸外へ出て近年著しく急増し、本来そこにいた野鳥をはじめとする動物の生息域に進出、日本の生態系に大きな影響が出ている。飼えなくなったら逃がすという無責任な行動は慎むべきだ。

コブハクチョウ

体長 152cm

渡り鳥としての記録はなく、飼われていたものが野生化している。

ドバト

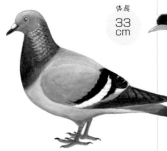

体長 33cm

伝書鳩が野生化した。さまざまな羽色がある。一年中繁殖する。

ハッカチョウ

体長 26cm

開けたところで大きな声で鳴く。翼の白い斑点が目印。

バリケン

体長 75cm

独特の顔つきに驚く人が多い。羽色は多彩。性格は温厚。

探鳥地ガイド

行きやすく魅力的な55カ所

マナーを守って気持ちのよい探鳥を。

(公財)日本野鳥の会が半世紀ほど前から呼びかけている野鳥観察のマナーの基本は
「やさしいきもち」。
一歩前に出る前に、自分が、鳥や目の前の環境の脅威になっていないかを確認しましょう。
特に田んぼや畑、別荘地は私有地ですので立ち入らないでください。
また、営巣・子育てをしている野鳥を追いかけることは、野鳥にとって大きなストレスとなります。
営巣放棄になることもありますので、野鳥への配慮を忘れずに。

や　野外活動、無理なく楽しく

さ　採集は控えて、自然はそのままに

し　静かに、そーっと

い　一本道、道からはずれないで

き　気をつけよう、写真、給餌、人への迷惑

も　持って帰ろう、思い出とゴミ

ち　近づかないで、野鳥の巣

〈掲載内容について〉
それぞれの探鳥地に詳しい野鳥観察のエキスパートの方が執筆・撮影しています。
訪れる時期や天候、時間帯によって状況が異なります。
また、各種データを含めた掲載内容は2023年11月現在の情報です。発行後に変更となる場合があります。
おでかけ前には電話や公式サイト等で最新情報をご確認の上、お出かけください。
●料金…消費税込みの料金です。大人料金のみを記載しています。
●定休日…原則として年末年始、お盆休み、ゴールデンウィーク、臨時休業を省略しています。
●利用時間…特記以外、原則として開館～閉館時刻です。入館時間は30分～1時間前という場合もござい
　ますので、ご注意ください。
●交通アクセス…所要時間はあくまでも目安です。状況によって変動する場合があります。
●地図…記されている夏・冬などの色分けは、そのエリアでのものです。他のエリアは異なる場合があります。

北海道東部の自然のエッセンスがつまった独特の景観が広がる

風蓮湖・春国岱

ふうれんこ・しゅんくにたい

春国岱。風蓮湖とオホーツク海を隔てる細長い砂嘴から成っている

　風蓮湖は北海道で二番目に大きな湖で、2005年にラムサール条約湿地に登録されており、320種以上の野鳥が記録されている野鳥の楽園だ。春国岱は風蓮湖とオホーツク海を隔てる細長い三列の砂嘴状の島からなっている。近くには根室市春国岱原生野鳥公園ネイチャーセンターがある。

　砂浜、草原、湿原、湿地、森林、干潟と北海道東部の自然環境が一カ所にギュッとまとまっており、北欧を思わせる日本離れした景観が広がる。それぞれの自然環境を楽しめるよう5本の自然観察路が整備されている。

　広葉樹の「小鳥の小道」では、ハシブトガラやシマエナガ、エゾムシクイなどの小鳥を観察できる。春国岱湾の干潟ではタンチョウのほか、渡りの季節にはミヤコドリやキアシシギなどのシギ・チドリ類が観察できる。立ち枯れた

トドマツや湿地など独特な景観の「キタキツネコース」では、ノゴマやマキノセンニュウなど夏鳥がにぎやかにさえずる。森の奥へと続く「アカエゾマツコース」では、コムクドリやクマゲラ、標高5m以下の春国岱で繁殖するルリビタキに出会える。海岸草原やハマナス群落のコースでは、夏はノビタキやオオジュリン、冬はユキホオジロやハギマシコなどが期待できるが、往復すると最長8kmにもおよぶため注意が必要。

　風蓮湖では、渡りの季節にはオオハクチョウをはじめ、ガン・カモ類の中継地としてにぎやかになる。冬期、湖面が結氷すると、北海道で越冬するオオワシ、オジロワシの3割近くの個体数が過ごすが、その様子に出会うのは喜びだ。夏期は蚊などの防虫、冬期は防寒など対策を万全にして観察に出かけるようにしたい。

ここに暮らす鳥に会えます 空 高い山や崖 低い山や林 草原 湖や沼、池 海、海岸港

探鳥アドバイス

ベストシーズン	所要時間の目安
通年。夏・冬	約3時間

まず春国岱ネイチャーセンターで日本野鳥の会レンジャーから、野鳥や自然観察路の情報を聞いてからコースへ出よう。ネイチャーセンター横の広葉樹の森の「小鳥の小道」を散策。それから春国岱へ移動。季節や時間、見たい野鳥に合わせてコースを選ぶとよい。風蓮湖周辺の東梅ハイド（野鳥観察舎）や川口船着場などで水辺の鳥も観察したい。道の駅「スワン44ねむろ」には風蓮湖を望む展望デッキやレストランがある。

①タンチョウ。風蓮湖周辺では30つがいほどが子育てしている。親子で過ごしている姿を見かけることもある
②オオワシ、オジロワシ。氷下待網漁でのおこぼれを狙い、集まってくる。観察には漁が行われる午前中がおすすめ

このエリアで見られる時期

● = 夏
● = 冬
無印 = 通年
● = 旅鳥

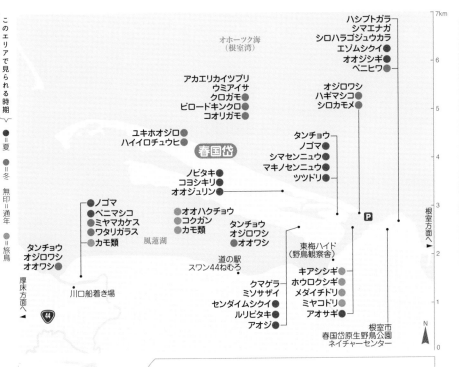

オホーツク海
（根室湾）

ハシブトガラ
シマエナガ
シロハラゴジュウカラ
エゾムシクイ ●
オオジシギ ●
ベニヒワ ●

オジロワシ
ハギマシコ ●
シロカモメ ●

アカエリカイツブリ
ウミアイサ
クロガモ ●
ビロードキンクロ ●
コオリガモ ●

ユキホオジロ ●
ハイイロチュウヒ ●

春国岱

タンチョウ
ノゴマ ●
シマセンニュウ ●
マキノセンニュウ ●
ツツドリ ●

ノビタキ ●
コヨシキリ ●
オオジュリン ●

ノゴマ ●
ベニマシコ ●
ミヤマカケス ●
ワタリガラス ●
カモ類 ●

オオハクチョウ ●
コクガン ●
カモ類 ●

タンチョウ
オジロワシ
オオワシ

P

東梅ハイド
（野鳥観察舎）

風蓮湖

タンチョウ
オジロワシ
オオワシ ●

川口船着場

道の駅
スワン44ねむろ

キアシシギ ●
ホウロクシギ ●
メダイチドリ ●
ミヤコドリ ●
アオサギ ●

クマゲラ
ミソサザイ
センダイムシクイ ●
ルリビタキ ●
アオジ ●

根室市
春国岱原生野鳥公園
ネイチャーセンター

厚床方面へ

44

根室方面へ

N

7km
6
5
4
3
2
1
0

③根室市春国岱原生野鳥公園ネイチャーセンター

DATA
☎ 0153-25-3047（根室市春国岱原生野鳥公園ネイチャーセンター）
㊟北海道根室市東梅103番地 ㋹30台（無料）㋙JR根室駅から根室交通「厚床」行きもしくは「中標津空港」行きバスで15分、「東梅」下車、徒歩10分。または根室中標津空港から車・バスで約90分

周辺情報 根室市内には納沙布岬をはじめ、野鳥観察のためのハイド（野鳥観察舎）が6カ所整備されている。海鳥観察のための「落石（おちいし）ネイチャークルーズ」なども運航しているので合わせて楽しみたい。

渡り鳥の聖地、全国初のバードサンクチュアリ

ウトナイ湖

うとないこ

10月中旬、オジロワシに驚いたマガンの群れが一斉に飛び立つ

　ウトナイ湖は、勇払原野の北西部に位置する周囲9km、面積275ヘクタールの淡水湖。新千歳空港から車で15分の所にあり、周りを工業地帯に囲まれているものの、多くの生きものが暮らす。ラムサール条約湿地に登録され、国指定の鳥獣保護区特別保護地区に指定されており、これまでに275種類以上の野鳥が確認されている。水辺、湿原、草原、林があり、それぞれの環境を好む野鳥が見られる。

　春は北を目指すマガン、ヒシクイ、オオハクチョウ、コハクチョウ、カモ類が見られる。3月中旬頃、マガンの群れがウトナイ湖をねぐらとして利用し、明け方に周辺の田畑へ移動するために一斉に飛び立つ。これを「ねぐら立ち」と言い、夕方、湖に戻ってくる「ねぐら入り」の光景と合わせて迫力満点だ。

　夏は、草原や林に、繁殖のため渡ってきたベ

ニマシコ、オオジシギ、クロツグミなどが見られるほか、なかなか姿が見えないエゾセンニュウの独特なさえずりも楽しめる。

　秋は、北から南下するガンカモ類がウトナイ湖に立ち寄る。10月が見頃で、数千羽のマガンの群れがオジロワシに驚いて一斉に飛び立つ場面は圧巻。日中も水鳥の観察が楽しめる。

　冬は、留鳥のハシブトガラ、シロハラゴジュウカラ、コゲラ、シマエナガなどの混群が林で見られる。また、凍てついたウトナイ湖上にたたずむオジロワシやオオワシの姿に見とれることもある。

　自然観察路は、西側の道の駅やウトナイ湖野生鳥獣保護センターと、東側のウトナイ湖ネイチャーセンターを繋ぐコースと、ネイチャーセンターからさらに東側に続くコースがあり、路上には湖を見晴らせるテラスや観察小屋もある。

ここに暮らす鳥に会えます　空　低い山や林　草原　湖や沼、池

探鳥アドバイス

ベストシーズン	所要時間の目安
秋	約1時間

ネイチャーセンターから、ハクチョウのデッキ、マガンのテラス、あずまやを通るコースは、水辺・林・草原の環境がある。最終地点にはウトナイ湖野生鳥獣保護センターがあり、ウトナイ湖の自然や野鳥の剥製などを展示。環境省が設置し、北海道地方環境事務所と苫小牧市が共同運営しており、日本野鳥の会のレンジャーも常駐している。野生鳥獣保護センターの休館日は月曜日（月曜が祝日の場合はその翌日）。

①オジロワシ
②シマエナガは秋から春までが観察しやすい
③ウトナイ湖野生鳥獣保護センター

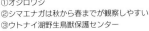

探鳥地ガイド ── 北海道

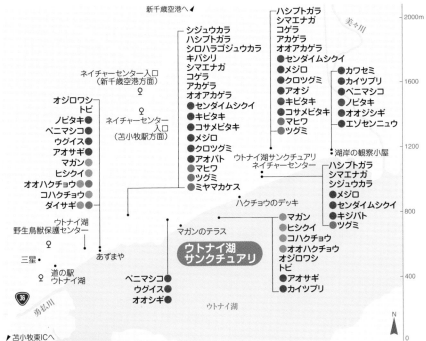

このエリアで見られる時期

●=夏　●=冬　無印=通年　●=旅鳥

新千歳空港へ↗

美々川

2000m

1600

1200

800

400

0

N

ネイチャーセンター入口（新千歳空港方面）♀

ネイチャーセンター入口（苫小牧駅方面）♀

シジュウカラ
ハシブトガラ
シロハラゴジュウカラ
キバシリ
シマエナガ
コゲラ
アカゲラ
オオアカゲラ
●センダイムシクイ
●キビタキ
●コサメビタキ
●メジロ
●クロツグミ
●アオバト
●マヒワ
●ツグミ
●ミヤマカケス

ハシブトガラ
シマエナガ
コゲラ
アカゲラ
オオアカゲラ
●センダイムシクイ
●メジロ
●クロツグミ
●アオジ
●キビタキ
●コサメビタキ
●マヒワ
●ツグミ

●カワセミ
●カイツブリ
●ベニマシコ
●ノビタキ
●オオジシギ
●エゾセンニュウ

オジロワシ●
トビ
ノビタキ●
ベニマシコ●
ウグイス●
アオサギ●
マガン●
ヒシクイ●
オオハクチョウ●
コハクチョウ●
ダイサギ●

ウトナイ湖
野生鳥獣保護センター♀

三星●

道の駅
ウトナイ湖♀

36

勇払川

あずまや

ウトナイ湖サンクチュアリ
ネイチャーセンター

湖岸の観察小屋

ハシブトガラ
シマエナガ
シジュウカラ
●メジロ
●センダイムシクイ
●キジバト
●ツグミ

ハクチョウのデッキ

マガンのテラス

ウトナイ湖サンクチュアリ

ベニマシコ●
ウグイス●
オオシギ●

ウトナイ湖

●マガン
●ヒシクイ
●コハクチョウ
●オオハクチョウ
オジロワシ●
トビ
●アオサギ
●カイツブリ

▶苫小牧東ICへ

④ネイチャーセンター。平日は休館なのでご注意を

DATA

☎0144-58-2505（ウトナイ湖サンクチュアリ・ネイチャーセンター）
㊙北海道苫小牧市植苗150-3　㊙9時30分〜16時30分（土日祝日）
㊙無料　㊙平日　※観察路は年間を通して散策可能　㋹あり　㋬車⇒国道36号線上、「道の駅ウトナイ湖」と「味の大王総本店」の間にある信号が目印。ここで、国道から市道に入り、道なりに進む。バス⇒道南バス（30千歳空港線）「ネイチャーセンター入口」下車、徒歩20分

周辺情報　道の駅ウトナイ湖は人気のシマエナガグッズが豊富、食堂＆テイクアウトの食事がとれる。国道を渡ると苫小牧の洋菓子店「三星」があり、イートインコーナーもある。ハスカップを使ったお菓子も販売。

札幌市街地に隣接する原始林は市民の憩いの場

円山公園
まるやまこうえん

ここでみられる!
オシドリ

▶ヤマガラはカラ類の中でも体が大きく、目立つ。オンコ（イチイ）の種子を食べるので秋口の観察が楽しい

写真提供：(公財)札幌市公園緑化協会

　札幌の市街地に隣接する公園で、札幌観光のちょっとした空き時間にも鳥見が楽しめる。一年を通じて観察できるのがカラ類のハシブトガラ、ヒガラ、シジュウカラ、ヤマガラ、ゴジュウカラと、キツツキ類のアカゲラとコゲラだ。人気のシマエナガの数はあまり多くないが、観察できる機会は十分にある。

　新緑の樹上には夏鳥のセンダイムシクイ、キビタキがさえずる姿を確認できる。ヤブサメの声がそこここの林床から聞こえる。アオジのさえずりに和み、クロツグミの複雑で声量のあるさえずりに心が躍る。樹冠の隙間から青空が見えれば、ハリオアマツバメが滑るように飛んでいる。池の付近の樹洞ではオシドリが営巣しており、美しい雄の姿は高い頻度で観察できる。6月はヒナでにぎやかになる。ハシブトガラスからヒナを守ろうと奮闘する雌の親鳥の姿に心を打たれる。

　春と秋の渡りの時期には思いもよらない種を観察できる。春先にはエゾムシクイ、ルリビタキ、コマドリ、コルリ、マミチャジナイ、トラツグミ、クロジ、イカルが常連だが、ムギマキなどの少し珍しい種にも注目である。

　冬が円山公園の真骨頂といえる。キレンジャク、ヒレンジャクは確度が高い。マヒワやアトリの群れも大きく、ハギマシコ200個体程度の群れに当たることもある。ウソやイスカも冬の常連で、赤と黄色の羽色を楽しめる。林内にはハイタカが潜んでおり、小鳥たちの警戒声でその存在に気がつく。厳冬期が迫る頃になると植栽されたナナカマドにはツグミがひっきりなしに訪れる。ハチジョウツグミ、シロハラやマミチャジナイも見かけることがある。その頃、上空にはクマタカが帆翔する。

ここに暮らす鳥に会えます 低い山や林 湖や沼、池

探鳥アドバイス

ベストシーズン	所要時間の目安
通年。特に冬	約2時間

公園に入るといきなりカラ類6種を観察できる機会に恵まれる。北海道神宮に向かって参道の右側の2つの池にはオシドリとマガモが浮かんでいる。円山の麓沿いから動物園に続く川沿いの小径が特におすすめである。初夏であれば、キビタキとセンダイムシクイは確実に観察できる。5種のキツツキ類を見ることもできる。雪で覆われる厳冬期には雪の中を歩けるブーツなどが必要になるが、レンジャク類・ヒワ類を堪能できる。

①ウソの鳴き声は澄んだ冬の空気の中、響きわたる
②天は二つのものを与えた。キビタキは姿と声の美しさを共に持ち合わせている
③人気のシマエナガは北海道に行けば見られると思われがち

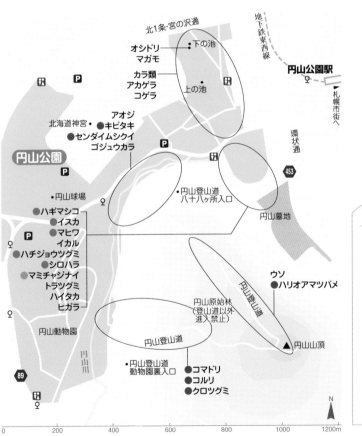

このエリアで見られる時期

● ＝夏　● ＝冬　無印＝通年　● ＝旅鳥

北1条・宮の沢通

地下鉄東西線

円山公園駅

札幌市街へ

オシドリ
マガモ
：下の池

カラ類
アカゲラ
コゲラ
：上の池

北海道神宮・
●アオジ
●キビタキ
●センダイムシクイ
ゴジュウカラ

円山公園

●円山球場

●ハギマシコ
●イスカ
●マヒワ
イカル
●ハチジョウツグミ
●シロハラ
●マミチャジナイ
トラツグミ
ハイタカ
ヒガラ

円山動物園

円山川

89

・円山登山道
八十八ヶ所入口

円山墓地

環状通

453

・円山原始林
（登山道以外進入禁止）

円山登山道

●ウソ
●ハリオアマツバメ

▲円山山頂

・円山登山道
動物園裏入口
●コマドリ
●コルリ
●クロツグミ

N

0　　200　　400　　600　　800　　1000　　1200m

探鳥地ガイド｜北海道

\ DATA /

☎011-621-0453（円山公園パークセンター）⊕北海道札幌市中央区宮ヶ丘3　⏰9時～17時　Ｐなし　⊗札幌市営地下鉄東西線「円山公園」下車。3番出口より徒歩5分

周辺情報 ▷ 北海道神宮創建功労者・開拓判官である島義勇にちなんだ「判官さま」が六花亭神宮茶屋店で販売されている。この店舗限定品で、その場で焼かれる餡が包まれた焼き餅はとりわけうまい。

日本さくらの名所 100 選に選ばれた盛岡市民と野鳥の憩いの場

盛岡高松公園

もりおかたかまつこうえん

▲ 池に飛来するオオハクチョウ。冬場から4月頃まで見られる

写真提供：盛岡市都市整備部

高松公園は、盛岡城築城を開始した慶長年間から寛永年間に、治水を目的として南部藩により造られた池で、南部公の鷹狩りの場にもなっていた。上流側の池の周囲はヨシ原、池の南東側は山林に覆われており、四季を通してさまざまな水辺や山野の野鳥が訪れるため、池だけでなく周囲の山林の散策路にも足を延ばしたい。

冬場は200羽を超えるオオハクチョウの飛来地となっており、オナガガモ、ヒドリガモ、ミコアイサなど約10種のカモ類ほか、ツグミ、ベニマシコなどの小鳥が見られる。通年ではカルガモ、カイツブリ、シジュウカラ、ヤマガラ、コゲラ、エナガ、カワセミといった身近な野鳥が見られる。

桜が咲く4月下旬頃には、キビタキ、クロツグミ、コムクドリ、カッコウ、ホトトギス、オオヨシキリ、コサメビタキが訪れ、運が良ければノビタキやサンコウチョウ、チゴハヤブサ、ミサゴが観察できる。春と秋の渡りの時期にオオハクチョウやマガンの大群が上空を通過する姿は圧巻だ。

高松の池から約1km徒歩15分のところにある岩手大学農学部府属植物園でも探鳥を楽しめる。園内には童話作家で知られる宮沢賢治が卒業した旧盛岡高等農林学校本館（現農学部附属農業教育資料館）があり、宮沢賢治にゆかりのある岩石標本や得業（卒業）論文、トキやキタタキの剥製など、貴重な資料が展示されている。

また、日本野鳥の会もりおかは毎月第2日曜日の朝に一般市民を対象とした定例探鳥会を実施している。ベテラン会員による懇切丁寧な観察指導があり、初心者が安心して参加できる。

ここに暮らす鳥に会えます  空 低い山や林 湖や沼、池 住宅地

探鳥アドバイス

ベストシーズン	所要時間の目安
通年・GW・11～3月	約2時間

おすすめは高松の池口バス停から池に沿って私立図書館前、バラ園の手前から北山散策路を一部経由して池に戻り、池を一周するコース。ゆっくりひと回りで2時間。11月から4月頃までは池にオオハクチョウをはじめ、多くのカモ類が見られる。桜の季節は林の中の散策路でキビタキやクロツグミなどの夏鳥が姿を見せる。園内に飲み物の自販機はあるが、コンビニや飲食店はない。

①コムクドリ。夏鳥で、散策路のどこででも見られる
②ミコアイサ。冬鳥で、雄の羽色であるパンダ模様が人気
③冬の風物詩オオハクチョウ

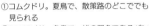

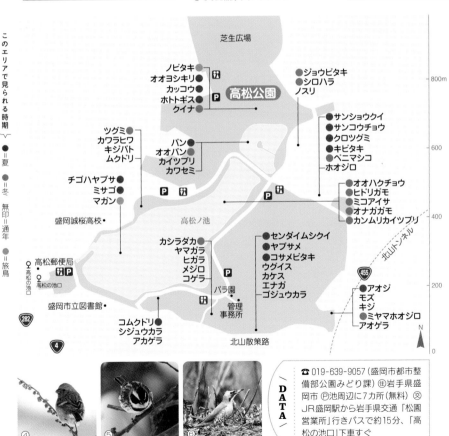

このエリアで見られる時期

● ＝夏　● ＝冬　無印＝通年　● ＝旅鳥

芝生広場

ノビタキ
オオヨシキリ
カッコウ
ホトトギス
クイナ

高松公園

ジョウビタキ
シロハラ
ノスリ

サンショウクイ
サンコウチョウ
クロツグミ
キビタキ
ベニマシコ
ホオジロ

ツグミ
カワラヒワ
キジバト
ムクドリ

バン
オオバン
カイツブリ
カワセミ

チゴハヤブサ
ミサゴ
マガン

盛岡誠桜高校

高松ノ池

オオハクチョウ
ヒドリガモ
ミコアイサ
オナガガモ
カンムリカイツブリ

カシラダカ
ヤマガラ
ヒガラ
メジロ
コゲラ

センダイムシクイ
ヤブサメ
コサメビタキ
ウグイス
カケス
エナガ
ゴジュウカラ

北山トンネル

高松郵便局
高松の池口

盛岡市立図書館

バラ園

管理事務所

455

アオジ
モズ
キジ
ミヤマホオジロ
アオゲラ

282

4

コムクドリ
シジュウカラ
アカゲラ

北山散策路

800m

600

400

200

0

N

☎ 019-639-9057（盛岡市都市整備部公園みどり課）⑭岩手県盛岡市 ℗池周辺に7カ所（無料）⊗JR盛岡駅から岩手県交通「松園営業所」行きバスで約15分、「高松の池口」下車すぐ

④ベニマシコ。銀世界の中で、紅色の羽が美しい　⑤ミヤマホオジロ。冬鳥で、散策路の少し開けた林で見られる　⑥アオゲラ。1年中、散策路沿いの山林で見かける

周辺情報　時間に余裕があれば岩手大学農学部附属植物園にも足を延ばしたい。園内には平成6年に重要文化財に指定された農業教育資料館（旧盛岡高等農林学校本館）がある。

杜の都 仙台で野鳥を身近に感じる

青葉山公園と広瀬川周辺

あおばやまこうえん　　　ひろせがわしゅうへん

ここでみられる♪
ハヤブサ

広瀬川周辺は豊かな自然に囲まれ、散歩や探鳥にぴったり

杜の都と呼ばれるだけあって、仙台市内は野鳥観察のポイントが至る所にある。

仙台城址（青葉城址）で小鳥を楽しみ、広瀬川で水鳥をじっくりと観察、東北大学キャンパスや、同大学付属施設の植物園でも野鳥観察を楽しめる。ただ、場所によっては山道を歩くことにもなるので、仙台市内の観光のついでに足を延ばすのであれば、青葉山公園と広瀬川周辺がおすすめだ。

なかでも、仙臺緑彩館は2023年春に開催された全国都市緑化仙台フェアのメイン会場として使われたあと、同年7月からはビジターセンターとして活用され、多くの来館者がある。四季折々に発信される情報や展示、イベントなどを通して仙台の自然に親しむことができる最新のスポットなので、ぜひ立ち寄ってみたい。

公園内の散策路はもちろん、仙台城や植物園のある丘陵地も、野鳥観察の双眼鏡を持つ人々でにぎわっている。歩きながらじっくり見て回ると、一年を通して多くの鳥を身近に見ることができる。繁殖期の春には、美しい声でさえずるキビタキや、ムシクイなどの夏鳥に加え、ハヤブサの繁殖シーンに遭遇するかもしれない。あくまでも距離をとって鳥たちの邪魔をしないように心がけたい。

寒い冬は防寒対策を十分したうえで、時間をかけて観察しよう。アトリやベニマシコなど、バードウオッチャー垂涎の冬の赤い鳥や、思いがけない鳥と出会えるかもしれない。足元にいるツグミ類にも注意を払うと、この地の鳥相の豊かさを実感するだろう。

広瀬川周辺は一年を通してサギ類やチドリ類、そして冬にはさまざまなカモが迎えてくれ、こちらもパラダイスだ。

ここに暮らす鳥に会えます　 低い山や林　 川、河原　 空　草原

探鳥アドバイス

ベストシーズン	所要時間の目安
通年	2時間

仙台市緑の名所100にも選ばれている青葉山公園。仙台市営地下鉄の東西線が開通し、アクセスも格段によくなった。工事中だった周辺の整備も終盤に入り、青葉山の小鳥や、五色沼・長沼などの水鳥をゆっくりと観察できるようになった。仙台城址までの道すがら、観察ポイントが多数あり、ハヤブサの出現に心躍ることも。時間があれば広瀬川周辺にも足を延ばし、観察したい。

①ハヤブサ　④ツグミ
②センダイムシクイ　⑤モズ
③イソヒヨドリ

このエリアで見られる時期
●=夏　●=冬　無印=通年　●=旅鳥

▲東北大学植物園へ

大町西公園駅へ ◀
•仙台国際センター
大橋

カラ類
コゲラ
エナガ
アオゲラ
キバシリ
イソヒヨドリ
オオタカ
●ジョウビタキ

•仙台市博物館

•仙臺緑彩館
●カモ類
●オシドリ
カワセミ

カラ類
コゲラ
エナガ
●キビタキ
●ムシクイ類
●シメ
カケス

御清林

●カモ類
サギ類
セキレイ類
カワウ
●モズ
●イカルチドリ
●ツグミ類

青葉山公園

広瀬川

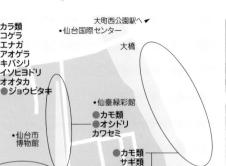

●カモ類
●アオジ
ウグイス
ハヤブサ

●カモ類
サギ類
セキレイ類
●カモメ類
トビ

P

花壇自動車学校

仙台城址•
（青葉城址）
P

カラ類
メジロ
ウグイス
エナガ
コゲラ
●ヒタキ類
●ムシクイ類
●キクイタダキ
●ツグミ類
●モズ
ホオジロ
●アオジ
●アトリ類

P

N

0　　200　　400　　600　　800m

＼ DATA ／

☎022-266-1651（青葉山公園 仙臺緑彩館）

⊕宮城県仙台市青葉区川内追廻無番地

◷9～19時（12～2月は9～17時）　料無料（有料化の予定）

⊛78台（無料。有料化の予定）　⊛3・6・9・12月の第1月曜、年末年始。青葉山公園は24時間入園可

交仙台市営地下鉄東西線「国際センター」駅下車、徒歩7分

周辺情報　仙臺緑彩館の館内にはカフェがある。公園から少し離れたところにはランチを楽しめる店も多い。

福島駅にほど近い、全国初の森林型野鳥公園

福島市小鳥の森

ふくしましことりのもり

ここでみられる♪
キビタキ

▲小鳥の森ネイチャーセンター。常時、レンジャーが待機しているので野鳥情報を聞こう

　福島市の中心市街地から、南北に流れる阿武隈川を挟んで広がる森林の中に、3本の自然観察路を有する福島市立の森林型野鳥公園。野鳥を含めた野生の動植物が暮らしやすく、また、訪れた人が生き物と触れ合うことができるよう、施設の整備管理を行っている。

　小鳥の森駐車場に降り立ち「かんさつ広場」のゆるやかな小径をのぼり、木々の中を歩くこと約10分。まずは、野鳥に詳しいレンジャーが常駐するネイチャーセンターに立ち寄ろう。冷暖房設備やトイレが整ったセンター内では、季節ごとに観察できる野鳥の種類や、出会える観察ポイントの情報などをスタッフが親切に教えてくれるはずだ。また、子ども連れの家族も楽しめるような展示物や野外観察ツールなども用意されている。

　森の緑が1年で最も美しい季節、4月はじめから5月半ばは、遠く南の国からやってくるキビタキやサンコウチョウ、ヤブサメ、クロツグミなどの夏鳥や、シジュウカラ、ヤマガラ、ホオジロといった年間を通じて出会える小鳥たちの美しいさえずりを楽しむことができる。11月半ばから翌年5月のゴールデンウィークまでは、木の葉が落ちて見通しのよくなった森で、小鳥たちをじかに見て楽しめる、いわゆるバードウォッチングには最適なシーズンとなる。

　隣接する阿武隈川には、冬季にオオハクチョウが飛来する。

　ネイチャーセンターでは窓越しにシジュウカラやヤマガラ、アトリ、シメなど多くの小鳥を身近に観察することができる。森の中の自然観察路沿いで、カシラダカ、ルリビタキ、マヒワ、ベニマシコ、ツグミといった冬鳥の姿を楽しむのもよいだろう。

ここに暮らす鳥に会えます　空　低い山や林　湖や沼、池　川、河原　

探鳥地ガイド｜東北／福島市

探鳥アドバイス

ベストシーズン	所要時間の目安
通年。特に春と冬	約2時間

春：ネイチャーセンターの掲示板で野鳥情報を確認後、レンジャーと一緒に小鳥のさえずりに耳を傾けよう。自然観察路である「シジュウカラの小径（こみち）」を一周、時間が許せばそのまま「カワセミの小径」をゆっくりと歩くとよい。冬：ネイチャーセンター内から野鳥を観察した後、「シジュウカラの小径」を歩くとよい。外は氷点下になることもあるので、服装や足回りなど防寒対策をしっかりと。

①ヤマガラは1年中、見られる。さえずりに耳を傾けよう
②冬のアトリ。ネイチャーセンターの窓越しに見ることができる
③キビタキ。福島県の県鳥に指定されている

このエリアで見られる時期

●＝夏　●＝冬　無印＝通年　●＝旅鳥

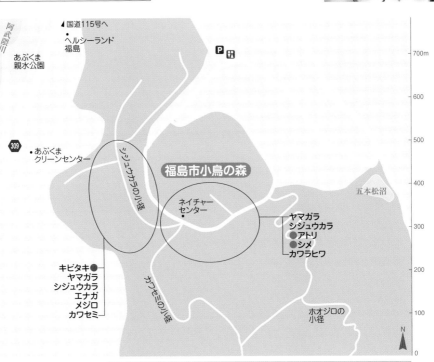

国道115号へ
ヘルシーランド福島
阿武隈川
あぶくま親水公園
あぶくまクリーンセンター
309
シジュウカラの小径
福島市小鳥の森
ネイチャーセンター
五本松沼
ヤマガラ
シジュウカラ
●アトリ
●シメ
カワラヒワ
キビタキ●
ヤマガラ
シジュウカラ
エナガ
メジロ
カワセミ●
カワセミの小径
ホオジロの小径

700m / 600 / 500 / 400 / 300 / 200 / 100 / 0

N

DATA ☎024-531-8411（福島市小鳥の森 ネイチャーセンター）　⊕福島県福島市山口字宮脇98　㊷無料　Ⓟ約70台（無料）　㊯バス⇒JR福島駅東口から福島交通バス「文知摺」方面行き、岡部下車、徒歩30分。車⇒国道4号線より相馬方面国道115号に入り、文知摺橋を渡ってすぐの信号を南へ。約500m先の「石のカンノ」のT字路を東へ

周辺情報　阿武隈川の河川敷に親水公園があり、毎年10月下旬から翌年の3月半ばまで、オオハクチョウやオナガガモ、キンクロハジロ、ホシハジロなど数多くの水鳥を間近に見ることができる。

本州以南最大のヨシ原を有するワシ・タカ類の宝庫

渡良瀬遊水地

わたらせゆうすいち

ここでみられる♪
ハイイロチュウヒ

冬枯れのヨシ原は小鳥や猛禽類など多くの野鳥が利用する

　渡良瀬遊水地は栃木・群馬・茨城・埼玉の4県にまたがり、33km²もある広大な湿地で、2012年7月にラムサール条約の登録湿地となった。約270種類の鳥類が確認されており、また約1000種類の植物が観察される自然豊かな場所だが、歴史的には洪水氾濫による足尾鉱毒被害の対策の一つとして作られたもので、人工的な湿地だ。

　渡良瀬遊水地は西部の第1調節池と谷中湖、東部の第2調節池、北東部の第3調節池と3つのエリアに分かれており、中央部を北から南へ渡良瀬川が流れている。南部にある谷中湖に隣接して、この地が明治時代に遊水地化された際に廃村となった旧谷中村の史跡保存ゾーンがある。四季を通じて野鳥は見られるが、ワシ・タカ類が数多く飛来する冬場が特におすすめだ。

　中央エントランスから入るとハート形の谷中湖があり、さらに進むと中の島があり、野鳥観察台が設置されている。冬になるとコガモ、ミコアイサ、カワアイサ、カンムリカイツブリなどの水鳥が見られる。通路左右の柳の木や低木にはシジュウカラやジョウビタキ、ベニマシコなどが見られる、春先にはコムクドリやニュウナイスズメも見られる。

　北エントランスから入り土手に上がると広大なヨシ原が広がる。夕方になるとチュウヒやノスリ、コチョウゲンボウなどがねぐら入りのため集まってくる。また、ハイイロチュウヒやコミミズクなどが見られることも。初夏にはカッコウの声が響き、オオセッカのディスプレイフライトが見られる。

　近年では遊水地内にコウノトリの人口巣塔が建てられ、第二調節池で毎年繁殖に成功し、ヒナが巣立っている。広域に観察ポイントがあるため、車の利用を強くおすすめする。

ここに暮らす鳥に会えます　空　草原　湖や沼、池

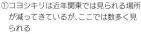

探鳥アドバイス

ベストシーズン	所要時間の目安
通年 特に冬から 春にかけて	約6時間

おすすめは冬場だが、春から初夏のヨシ原はオオセッカやオオヨシキリ、コヨシキリ、セッカなど草原性の鳥が多くみられる。また、夏の夕方には数万羽のツバメがねぐら入りのため集まってくるので壮観である。遊水地内には不法投棄防止のため何カ所かとても狭いゲートがあり、車の運転に慣れていない人は要注意。また、整備された舗装路や砂利道以外は立ち入らないようにしたい。

①コヨシキリは近年関東では見られる場所が減ってきているが、ここでは数多く見られる
②ミコアイサはパンダガモとも呼ばれる美しいカモ
③ベニマシコは遊水地内ではあちこちで見られる。真っ赤なオスは見ごたえあり

探鳥地ガイド

関東／栃木県

④ハイイロチュウヒ
⑤コミミズク
④⑤ともに冬のヨシ原の人気者

このエリアで見られる時期

●＝夏　●＝冬　無印＝通年　●＝旅鳥

宇都宮方面へ

ヨシゴイ●
チュウヒ●
ハイイロチュウヒ●
オオセッカ●
オオヨシキリ●
コヨシキリ●
オオジュリン●

コチョウゲンボウ●
ホオジロ●
チュウヒ●
ハイイロチュウヒ●
オオヨシキリ●
セッカ

第3調節池

ハヤブサ
ミサゴ
チュウヒ●
サシバ
ハイイロチュウヒ●
コチョウゲンボウ●
コミミズク●

ノスリ
オオタカ
ハイタカ

ハイイロチュウヒ●
チュウヒ●
オオタカ
ノスリ
ミサゴ
ハヤブサ
コミミズク●
チョウゲンボウ
コチョウゲンボウ●
コウノトリ

藤岡駅

第3排水門

渡良瀬遊水地
湿地資料館

渡良瀬川

渡良瀬
カントリークラブ

第1調節池

第2調節池

渡良瀬遊水地

東武日光線

9

北エントランス
ウォッチングタワー
北水門
体験活動センターわたらせ
史跡
保全ゾーン

第2排水門

思川

野木駅

4

間々田駅へ

板倉
東洋大前駅

ムクドリ
ベニマシコ●
オオヨシキリ●
シジュウカラ
ジョウビタキ●
ツツドリ●

柳生駅

チョウゲンボウ
セグロカモメ●

道の駅
かぞわたらせ

中の鳥
野鳥観察台

中央エントランス

谷中湖

貯水池機場

古河
ゴルフリンクス

ガン・カモ類●
チュウヒ●
オオタカ

新古河駅

第1排水門

古河駅

354

渡良瀬川

N

栗橋駅へ

栗橋駅へ

0　　　2　　　4　　　6km

DATA

☎0282-62-1161（財）渡良瀬遊水地アクリメーション振興財団）⊕栃木県栃木市藤岡町藤岡1778　中湖周辺に複数あるが、利用時間は季節により異なる　⊗東武日光線柳生駅から中央エントランスまで約1.1km。東北道佐野藤岡ICから北エントランスまで約1.8km。車↓東北自動車道佐野藤岡IC、舘林ICより約20分。国道354号線三国橋より北西約3km　⊗板倉

周辺情報　板倉町や小山市などの遊水地外にある田園地帯では春や秋の渡りの時期にシギやチドリが見られる。渡りの時期は農繁期と重なるため農作業の邪魔にならないよう注意したい。

日本三大探鳥地・奥日光の「天空の湖」

日光・中禅寺湖周辺

にっこう・ちゅうぜんじこしゅうへん

ここでみられる♪
ゴジュウカラ

▲半月山展望台から望む中禅寺湖。この広大なエリアに多くの野鳥が生息する

　中禅寺湖は、世界遺産「日光の二社一寺」からさらに西へ進んだいろは坂の上、標高約1300mの山中に位置する。2万5千年前の男体山（なんたいさん）の噴火によりできた堰止湖で、面積4㎢以上の湖では日本で一番高いところにある。気候は北海道に近いと言われる。

　この湖を含む奥日光は奈良時代から山岳信仰の聖地として、また昭和9年以降は国立公園としても守られてきた歴史があり、周辺の森林はよく保全されている。水辺の鳥に加えて山地の鳥も存分に楽しめるのが特徴である。

　春から初夏にかけて、湖面には奥日光で繁殖するマガモやオシドリの姿が見られ、小さい沢や川が流入するポイントでは留鳥であるカワガラスとの出会いも期待できる。周りの森林ではキビタキやオオルリ、ニュウナイスズメを見かける。アズマシャクナゲが群生する一角にはコルリも生息する。通年見られるコガラやヒガラ、ゴジュウカラなどのカラ類やアカゲラ、オオアカゲラなどのケラ類も多く、にぎやかだ。

　晩秋からはオオワシやオジロワシが渡来し悠々と飛ぶ姿を見せてくれる。湖面はキンクロハジロ、カワアイサ、ホオジロガモなどのカモ類やハジロカイツブリ、カンムリカイツブリ、オオバンなどの水鳥たちでにぎやかになる。

　中禅寺湖は周囲が24kmと広く、一周歩くだけでも一日がかり。ゆったりと観察を楽しむためには的を絞って散策したい。なお、同じ中禅寺湖でもエリアにより周辺の森林の様子は異なり、時期ごとに出会える鳥の傾向にも違いがある。このため、湖畔のどこを重点的に回るか意識したい。

ここに暮らす鳥に会えます　🏔高い山や崖　🌊湖や沼、池　☁空

探鳥アドバイス

ベストシーズン	所要時間の目安
春〜初夏、冬	4時間程度

春から秋は歌ヶ浜から狸窪方面へと歩く南岸部がおすすめ。ブナなどの湖畔の森と美しい浜辺での野鳥観察は気持ちがいい。ここには明治時代から国際的な避暑地であることを伝える英国大使館別荘記念公園があり、アフタヌーンティーを楽しめる。中禅寺湖西端の千手ヶ浜はオオワシなどと出会えるチャンスが多いポイント。11月末まで赤沼車庫から運行している低公害バスを利用して出かけよう。

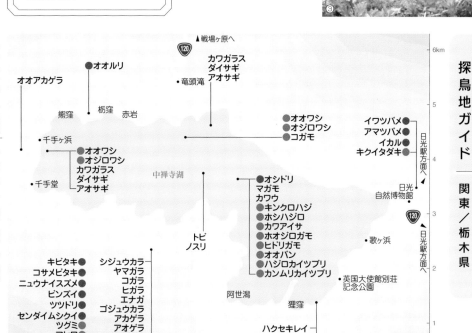

①中禅寺湖の冬の目玉、オオワシ
②ゴジュウカラが多いのも奥日光の特徴
③中禅寺湖周辺ではオシドリは夏鳥

探鳥地ガイド｜関東／栃木県

このエリアで見られる時期

● = 夏
● = 冬
無印 = 通年
● = 旅鳥

▲戦場ヶ原へ

120

オオアカゲラ

●オオルリ

カワガラス
ダイサギ
アオサギ

・竜頭滝

熊窪　栃窪　赤岩

・千手ヶ浜

●オオワシ
●オジロワシ
●コガモ

●オオワシ
●オジロワシ
カワガラス
ダイサギ
アオサギ

・千手堂

中禅寺湖

イワツバメ●
アマツバメ●
イカル
キクイタダキ●

日光駅方面へ

日光
自然博物館

●オシドリ
マガモ
カワウ
●キンクロハジ
●ホシハジロ
●カワアイサ
●ホオジロガモ
●ヒドリガモ
●オオバン
●ハジロカイツブリ
●カンムリカイツブリ

トビ
ノスリ

120

日光駅方面へ

・歌ヶ浜

英国大使館別荘
記念公園

キビタキ●　シジュウカラ
コサメビタキ●　ヤマガラ
ニュウナイスズメ●　コガラ
ビンズイ●　ヒガラ
ツツドリ●　エナガ
センダイムシクイ●　ゴジュウカラ
ツグミ●　アカゲラ
マヒワ●　アオゲラ
アトリ●　コゲラ
　　カケス
　　ハシブトガラス
　　ハシボソガラス

阿世潟

狸窪

ハクセキレイ
セグロセキレイ
キセキレイ

250

N

6km

5

4

3

2

1

0

④カワアイサ。中禅寺湖に渡来するカモの中でひと際大きく、目立つ

DATA
☎ 0288-55-0880（栃木県立日光自然博物館）⊕栃木県日光市中宮祠2480-1 ℗華厳第一駐車場（有料）⊗バス⇒東武バスでJR日光駅発、東武日光駅経由「中禅寺温泉・湯元温泉行き」で約50分「中禅寺温泉」下車。車⇒東北自動車道、宇都宮ICから日光宇都宮道路に入り、清滝IC、いろは坂経由で約50分

周辺情報　中禅寺湖からも近い湿原、戦場ヶ原・小田代原は春から夏にはノビタキやホオアカ、アオジ、オオジシギとも出会える絶好の野鳥観察スポット。中禅寺湖とは鳥相が異なり、合わせて訪れたい。

今なお本来の姿を残す、武蔵野の森林

自然教育園
しぜんきょういくえん

ここでみられる♪
メジロ

▲東京の真ん中にあるとは思えないほど、深い緑に囲まれている。写真は水生植物園

写真提供：国立科学博物館附属自然教育園

　江戸時代には高松藩主松平頼重の下屋敷で、明治時代には軍の火薬庫、大正時代には宮内省の白金御料地があった。そのような歴史的背景から昭和24年に「天然記念物及び史跡」に指定され、国立自然教育園として一般公開されるまで立ち入りが禁じられていた。昭和37年に国立科学博物館の附属機関となり、人の手を極力入れずに森の自然な姿を残すべく維持されている。

　落葉樹の見上げるような巨木が生い茂る様は、東京にいることを忘れそう。広い園内だが、通行できる場所は限られている。しかし、通路は整備されて歩きやすい。入口の教育管理棟には生物に関する展示があり、情報を得られる。園内に入ると巨木が立ち並ぶ。野草を保護するため下草を刈られた路傍植物園のあたりではカラの混群が頭上を通る。左に折れた先の、水鳥

の沼ではかつて冬期にオシドリを見ることができた。「おろちの松」（2020年倒伏）の先には武蔵野植物園があり、開けた雑木林を好む鳥たちの姿が見られる。

　森の小道に進むと、鬱蒼とした森の中の一本道が続く。静かな場所なので鳥の声に耳を澄ませるとよい。その先には水生植物園があり、湿地の植物が繁り、カワセミが見られる。

　冬鳥の観察に向いた場所だが、一年中いる鳥も多い。カイツブリのように繁殖する鳥も見られるので、一年を通じて楽しめる。近年ではオオタカやカワセミの繁殖が確認されている。

　園内の各所に解説板が設置され、分かれ道には標識があって、わかりやすい。休憩所やベンチで弁当を食べたり休息したりすることも可能だが、ごみを持ち帰るなどマナーを忘れずに回りたい。

ここに暮らす鳥に会えます　🌲 低い山や林　🌊 湖や沼、池　🏠 住宅地

探鳥アドバイス

ベストシーズン	所要時間の目安
通年。特に冬	約1時間

森林、水辺といった多様な環境の野鳥がまとめて見られる。見上げるような巨木に囲まれているため、葉の落ちた冬のほうが見やすい。落ち葉に潜む虫を探すシロハラやアカハラを観察できる。カラの群れの中には、ヤマガラやエナガが混じることも。水生植物園や沼ではカワセミやサギ類も見られる。水鳥の沼ではオシドリが見られたことも。夏の渡りの時期にはキビタキやウグイスなど夏鳥が立ち寄り、オオタカなどの猛禽類が現れることもある。

①カワセミ。水生植物園の反対側の湿地で見つけた。
②オシドリ。現在はほとんど見ることができなくなった
③カルガモ。池や沼など、水辺でよく見かける
写真提供：国立科学博物館附属自然教育園

このエリアで見られる時期
●＝夏　●＝冬　無印＝通年　●＝旅鳥

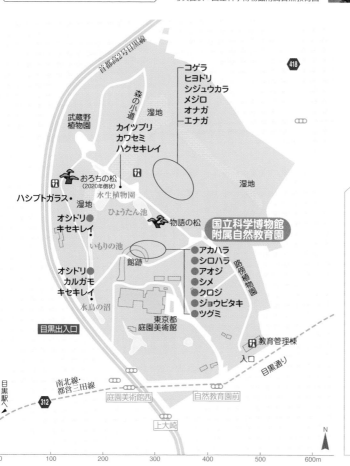

コゲラ
ヒヨドリ
シジュウカラ
メジロ
オナガ
エナガ

カイツブリ
カワセミ
ハクセキレイ

おろちの松（2020年倒れ）

ハシブトガラス・

湿地

水生植物園

ひょうたん池

物語の松

国立科学博物館附属自然教育園

オシドリ
キセキレイ

いもりの池

館跡

アカハラ
シロハラ
アオジ
シメ
クロジ
ジョウビタキ
ツグミ

オシドリ
カルガモ
キセキレイ

水鳥の沼

目黒出入口

東京都庭園美術館

教育管理棟
入口

目黒通り

南北線・都営三田線

目黒駅へ

312

庭園美術館西

自然教育園前

上大崎

418

武蔵野植物園

森の小道

首都高2号目黒線

湿地

湿地

N

0　100　200　300　400　500　600m

\ **DATA** /

☎03-3441-7176　⊕東京都港区白金台5-21-5　⊕9時～17時（入園は16時まで）・9月1日～4月30日…9時～16時30分（入園は16時まで）　㊡月曜（月曜が休日の場合は火曜）、年末年始他　㊙一般320円　Ⓟなし　㊟JR目黒駅（東口）東急目黒線目黒駅（正面口・中央口）東京メトロ南北線・都営三田線白金台駅より徒歩7分

水郷の景観が残る公園で、水辺の鳥を楽しむ

水元公園

みずもとこうえん

ここでみられる♪

バン

◀ 小合溜と呼ばれる水路が水郷景観を作りだしている

東京23区内で最も大きな都立公園。もともと古利根川の河川敷にあった場所で、小合溜と呼ばれる大小の水路が園内を走り、都内唯一の水郷となっている。

JR金町駅からバスで15分ほど。水元公園バス停で降り、アオサギなどが魚を狙う釣り堀となっている内溜を右手に見ながら歩けば約7分でメインエントランスの噴水広場に着く。

初夏には有名な花菖蒲と夏鳥を楽しめる。広々とした川のような小合溜では、青空の下を夏の使者コアジサシと、ツバメが颯爽と飛ぶ姿が美しい。そのまま左手に水辺沿いの小道を進むと、大きなヨシ原にであう。ここではオオヨシキリがパートナーを探しに絶叫する姿を見ることができる。

さらに、メタセコイアの森周辺では貴重な猛禽類にも出会うことができる。近年マナーの低下が著しく、心配になるが、繁殖期には細心の注意を払いたい。植物も、ハス、オニバス、そして東京都内で唯一自生するアサザが美しい。冬場。小合溜の水辺ではユリカモメ、ホシハジロ、キンクロハジロなどたくさんの渡り鳥を観察できる。

近年、ヒドリガモの集団上陸行進があちこちで見られ微笑ましく、冬の名物になっている。カンムリカイツブリも飛来する。また、枯れたヨシや周りの木々では、ホオジロ・アオジ・アカハラ・シロハラ・マヒワなどの冬鳥も堪能できる。

サギ類やカワセミ、メジロ、ヒヨドリなどは通年、姿を見せてくれる。近隣に葛飾区立水元かわせみの里があり、時間が許せば立ち寄りたい。

ここに暮らす鳥に会えます

 川、河原
 空
 住宅地
 低い山や林
 湖や沼、池
 農耕地干拓地
草原

① カンムリカイツブリ。近年、毎冬姿を見せてくれる
② ヒドリガモの行列行進。水元公園の冬の名物

探鳥アドバイス

ベストシーズン	所要時間の目安
通年。特に冬	2 時間

おすすめはメインエントランスの噴水広場から、小合溜水辺の小道を歩き、左手のヨシ原を歩くコース。夏はコアジサシやツバメが颯爽と飛び、オオヨシキリがパートナーを探し絶叫する姿に出会える。水辺ではヒドリガモが上陸行進を繰り返し、冬の名物になっている。近年はカンムリカイツブリにも出会える。売店やトイレなどの設備が多数あり、安心。

③オオヨシキリ。初夏、パートナーを求めて絶叫する

このエリアで見られる時期

●＝夏　●＝冬　無印＝通年　●＝旅鳥

ジョウビタキ
ルリビタキ
ツグミ
ホオジロ
アトリ

オナガガモ
キンクロハジロ
ホシハジロ
ハシビロガモ
バン
オオバン

コガモ
カワセミ

コガモ
マガモ
ユリカモメ

コサギ
ダイサギ

水元かわせみの里

コゲラ
コイカル

水元五丁目三差路

タヒバリ
モズ
ツグミ
ムクドリ
ハシボソガラス
ハシブトガラス

501

水元グリーンプラザ

水生植物園

せせらぎ広場
中央広場
自由広場
冒険広場

野鳥観察舎

バードサンクチュアリ

水元公園

記念広場

ポプラ並木

ヨシ原

P

カイツブリ
カワウ
アオサギ
ゴイサギ
オナガ

サービスセンター
ツバメ
コアジサシ

小合溜

バン
オオバン
ツグミ
オオヨシキリ

水元大橋

内溜

はなしょうぶ園

岩槻橋第二
水元公園
岩槻橋
水元公園

水辺の生きもの館

P

カイツブリ
カワウ
ユリカモメ
カンムリカイツブリ

水元さくら堤

東京外環自動車道

N

0　400　800　1200　1600　2000m

探鳥地ガイド ｜ 関東／東京都

\ DATA /

☎03-3607-8321

京都葛飾区水元公園　Ⓟ1170台（有料）　Ⓧ JR・東京メトロ金町駅から京成バス戸ヶ崎操車場・西水元三丁目行きで約15分、水元公園下車、徒歩7分

周辺情報　時間に余裕があれば、しばられ地蔵（業平山南蔵院）にも足を延ばしたい。厄除け、縁結びなど、あらゆる願い事を聞いてくださる地蔵尊として有名。水元公園の内溜から徒歩約5分。

埋立地によみがえった自然に野鳥が集う

東京港野鳥公園

とうきょうこうやちょうこうえん

ここでみられる♪
コチドリ

▲干潟、汽水池、淡水池、草地、雑木林など、多様な環境が揃う。右の白い建物がネイチャーセンター

写真提供：（公財）日本野鳥の会

東京湾の埋立地にある東京港野鳥公園には、周囲を物流トラックが行き来し、上空を羽田空港から離発着する飛行機が飛び交う中、多くの生きものが暮らしている。かつては海苔の養殖で栄えた場所だが、1960年代に埋め立てられ、整備を待つ間に池や草原ができ、そこに野鳥、昆虫、カニなどの生きものが集まった。この場所を守ろうという声が地元の人を中心にあがり、市民運動のすえ東京都の公園として整備された。園内には、干潟、汽水池、淡水池、草地、雑木林など、多様な環境が揃っており、年間約120種類の野鳥が確認される。

東京湾と繋がる汽水の「潮入りの池」や「前浜干潟」では、干潮時に干潟が現れ、春と秋の渡りの季節にはキアシシギ、チュウシャクシギ、キョウジョシギなどのシギ・チドリ類が見られる。また、夏はコチドリやササゴイ、冬はカモの仲間がやってくる。

東淡水池では、初夏になるとカイツブリの親子が見られ、背中にヒナを乗せて泳ぐ姿が来園者に人気だ。夏は上空をツバメやイワツバメが飛び交い、ヨシ原ではオオヨシキリやセッカの声が聞こえる。冬にはオオタカが池のまわりの樹林からカモを狙う姿が見られる。

里山の環境を復元した自然生態園ではシジュウカラやメジロ、エナガなどの小鳥が見られ、冬になると、アオジやジョウビタキ、ツグミなども観察できる。

ネイチャーセンターには（公財）日本野鳥の会のレンジャーが常駐しており、園内でガイドや観察会を行うボランティアも活動している。無料貸出の双眼鏡や、備え付けの望遠鏡もあるので、初心者でも気軽に観察できる。

ここに暮らす鳥に会えます 空　 草原　湖や沼、池　 住宅地　 海、海岸港

探鳥アドバイス

ベストシーズン	所要時間の目安
通年。特に冬	約2時間

ホームページでその時期に見られる野鳥を紹介しているほか、ブログでは毎日、最新情報を公開している。シギ・チドリなど干潟にやってくる野鳥を観察したい場合は、干潮時間を調べてから行くとよい。

①冬季は上空をオオタカやノスリなどの猛禽類が飛翔する。写真はオオタカ
②干潟にやってくる夏鳥のコチドリ
③冬にやってくるマガモは、雄による求愛も観察できる

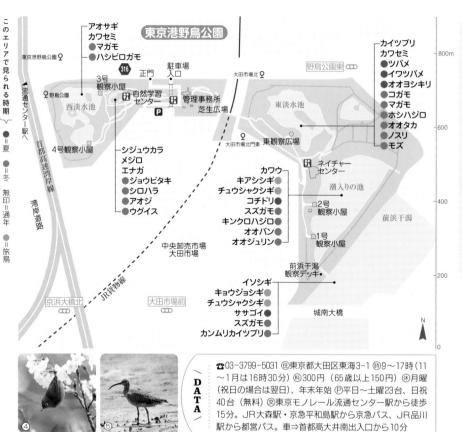

このエリアで見られる時期

●＝夏　●＝冬　無印＝通年　●＝旅鳥

東京港野鳥公園

探鳥地ガイド　関東／東京都

アオサギ
カワセミ
●マガモ
●ハシビロガモ

カイツブリ
カワセミ
●ツバメ
●イワツバメ
●オオヨシキリ
●コガモ
●マガモ
●ホシハジロ
●オオタカ
●ノスリ
●モズ

シジュウカラ
メジロ
エナガ
●ジョウビタキ
●シロハラ
●アオジ
●ウグイス

カワウ
キアシシギ
チュウシャクシギ
コチドリ
●スズガモ
キンクロハジロ
●オオバン
●オオジュリン

イソシギ
キョウジョシギ
チュウシャクシギ
ササゴイ
●スズガモ
●カンムリカイツブリ

西淡水池
3号観察小屋
自然学習センター
4号観察小屋
東淡水池
東観察広場
ネイチャーセンター
潮入りの池
2号観察小屋
1号観察小屋
前浜干潟
前浜干潟観察デッキ
城南大橋
中央卸売市場大田市場
京浜大橋北
大田市場前
正門
駐車場入口
管理事務所
芝生広場
大田市場北
大田市場北門東
野鳥公園東

④里山の環境もあり、メジロなどの小鳥も観察できる
⑤旅鳥として干潟にやってくるチュウシャクシギ

DATA
☎03-3799-5031 ⊕東京都大田区東海3-1 ⊕9～17時（11～1月は16時30分）⊕300円（65歳以上150円）⊛月曜（祝日の場合は翌日）、年末年始 ⊕平日～土曜23台、日祝40台（無料）⊗東京モノレール流通センター駅から徒歩15分。JR大森駅・京急平和島駅から京急バス、JR品川駅から都営バス。車⇒首都高大井南出入口から10分

周辺情報　園内に売店やレストランはなく、飲み物と軽食（パンや菓子類）の自販機のみ設置している。大田市場の開場日であれば、徒歩15分で市場内のレストランに行くことができる。

野鳥の会創始者を魅了した、武蔵野の面影を残す公園

善福寺公園

ぜんぷくじこうえん

ここでみられる♪
エナガ

自然環境を守る「風致地区」に指定されている都内屈指の自然の宝庫

　日本野鳥の会発足の地として知られる善福寺公園。武蔵野の面影を残し、「杉並の奥座敷」と呼ばれ、園内は360度見回してもビルやマンションが見えないほど緑に溢れている。「上の池」と「下の池」二つの池がある善福寺池があり、遅野井の滝がある上の池は下の池へつながり、水は善福寺川から神田川へと流れていく。両池とも人が渡れない小島があり、鳥たちは安心して羽を休めているので、観察はここを中心に楽しもう。

　通年では公園の野鳥を代表するカワセミのほか、アオサギ、ダイサギ、コサギ、ゴイサギといったサギ類、カルガモ、カイツブリ、バン、カワウなどがいる。冬場はキンクロハジロ、コガモ、オナガガモといったカモを数種、ゆっくり観察できる。

　近隣には井草八幡宮の杜があり、屋敷林の木々にも恵まれ、小鳥類も多い。メジロ、ヒヨドリ、キジバト、オナガといった身近な野鳥のほか、冬にはツグミ、アカハラ、シロハラ、ジョウビタキ、エナガ、ルリビタキ、アオジなども見られる。またハシボソガラスとハシブトガラスの2種ともいるので、両種を見比べてみよう。

　渡りの時期にはキビタキやオオルリなどが通過することもある。

　上の池ではコサギやゴイサギがのんびり羽を休めている。下の池にはヨシがバランスよく生えており、鳥たちの絶好の隠れ場所になっている。

　公園サービスセンターでは自然情報パンフレット配布のほか、園内のミニギャラリーでは野鳥に関する作品展、写真展を開催。年に数回、野鳥観察会も開催される。

ここに暮らす鳥に会えます 湖や沼、池 低い山や林 住宅地 空

探鳥アドバイス

ベストシーズン	所要時間の目安
通年。特に冬	約2時間

おすすめは上の池、下の池の順に8の字に回るコース。ゆっくりひと回りで2時間くらい。水鳥が見つけやすいが、冬にはシロハラなどの小鳥も姿を見せるので、水辺だけでなく林の木々や地面にも目を向けてみよう。上の池にはサービスセンター、土日祝営業の貸ボート場などがある。近所に飲み物の自販機はあるが、コンビニや飲食店はない。じっくり観察するなら事前に準備しておこう。公園内にはベンチが点在している。

①池にはアオサギ、ダイサギ、ゴイサギの姿が通年見られる。写真はゴイサギ
②公園のシンボル的存在、カワセミ

このエリアで見られる時期

●＝夏　●＝冬　無印＝通年　●＝旅鳥

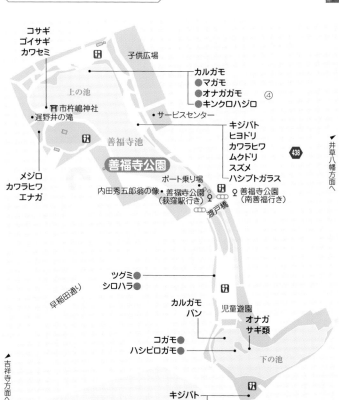

コサギ
ゴイサギ
カワセミ

子供広場

カルガモ
●マガモ
●オナガガモ
●キンクロハジロ　④

上の池

市杵嶋神社
・遅野井の滝

サービスセンター

キジバト
ヒヨドリ
カワラヒワ
ムクドリ
スズメ
ハシブトガラス

善福寺池

438

善福寺公園

メジロ
カワラヒワ
エナガ

ボート乗り場

内田秀五郎翁の像・善福寺公園（荻窪駅行き）
善福寺公園（南善福行き）
渡戸橋

井草八幡方面へ

ツグミ●
シロハラ●

カルガモ
バン

児童遊園

オナガ
サギ類

コガモ●
ハシビロガモ●

下の池

早稲田通り

キジバト
ヒヨドリ
シジュウカラ
ムクドリ

東京女子大学

N

吉祥寺方面へ

▼荻窪方面へ

0　100　200　300　400　500　600m

③④冬にはジョウビタキやシロハラなどの小鳥も姿を見せるので、水辺だけでなく、林の木々や地面にも目を向けてみよう

＼ DATA ／

☎03-3396-0825（善福寺公園サービスセンター）　⊕東京都杉並区善福寺3-9-10　℗なし　⊗JR荻窪駅から関東バス南善福寺行バスで13分、善福寺公園下車すぐ。またはJR西荻窪駅から関東バス上石神井駅行・大泉学園行きバス6分、善福寺下車、徒歩5分

周辺情報　時間に余裕があれば井草八幡宮にも足を伸ばしたい。源頼朝が奥州征伐の際に戦勝祈願をしたと伝わり、境内の樹林では探鳥も楽しめる。善福寺公園の貸ボート場から徒歩約5分。

武蔵野の三大湧水池、三宝寺池を有する水と緑の公園

石神井公園

しゃくじいこうえん

◀江戸時代から景勝地として親しまれてきた三宝寺池

　三宝寺池の周辺は江戸時代から景勝地として知られ、明治時代になって全国に公園がつくられると、石神井地域の人たちは当時の東京府に三宝寺池を公園にするよう要望したが、なかなか叶えられなかった。そこで地元の力でさまざまな施設をつくり、大正時代には日本初の100mプールや、石神井城跡に人工滝がつくられた。昭和5年（1930）に、一帯が風致地区の指定を受け、3年後には石神井風致協会が設立。その頃には地元をはじめ多くの人が石神井公園と呼び、昭和8年（1933）には武蔵野鉄道（現西武池袋線）の駅名も石神井から石神井公園に変わった。翌9年には三宝寺池から流れ出ている弁天川をせき止め、石神井池（ボート池）が誕生した。

　昭和34年（1959）3月、石神井風致

協会の管理から東京都が管理する「都立石神井公園」として開園。当時の面積はわずか約5.4ヘクタールだったが、その後、徐々に拡大を図り、現在は約22.6ヘクタールに達している。

　現在、石神井公園は井草通りを挟んで、西側の三宝寺池や石神井城跡、野鳥誘致林などの「三宝寺池地区」と、東側の石神井池、記念庭園、野草観察園などを含む「石神井池地区」に分かれている。

　三宝寺池地区は池とそれを囲む林が相まって、東京23区内とは思えないほど豊かな自然に包まれている。静かで落ち着いた雰囲気に満ち、野鳥の集う公園として広く認知されている。一方、石神井池地区はボート遊びなどができる池を中心に、明るく開放的な景観が広がっている。

ここに暮らす鳥に会えます　 湖や沼、池　低い山や林　住宅地　

①初夏、カルガモの親子が池で過ごす

探鳥アドバイス

ベストシーズン	所要時間の目安
通年	3時間

園内はカイツブリ、カワウ、ゴイサギ、カルガモ、バン、キジバト、カワセミ、アオゲラ、コゲラ、ハクセキレイ、ヒヨドリ、エナガ、シジュウカラ、メジロ、カワラヒワ、スズメ、ムクドリ、オナガなどが生息。5月から6月にかけては三宝寺池と石神井池でカイツブリ、カルガモ、バンが繁殖し、親子連れの姿を見かけることができる。

このエリアで見られる時期 → ●＝夏　●＝冬　無印＝通年　●＝旅鳥

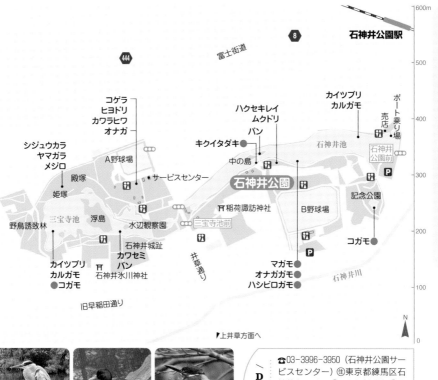

石神井公園駅

探鳥地ガイド　関東／東京都

②秋、黄色く色づいた樹木と石神井池の杭に佇むアオサギ
③冬、三宝寺池で過ごすマガモ　④三宝寺池周辺で見かけるカワセミ

DATA

☎03-3996-3950（石神井公園サービスセンター）⑭東京都練馬区石神井台1-26-1 ⑫119台（有料）⊗西武池袋線石神井公園駅から徒歩7分。車⇒東京外環道大泉ICから約20分

周辺情報　春から夏の渡りの季節はセンダイムシクイ、キビタキが立ち寄る。秋から冬にかけてはカモ類が池で過ごし、周辺の林ではジョウビタキやツグミ、アカハラなどの小鳥たちを見かける。

101

いつの間にか自然を学べる、心癒される場所

多摩森林科学園

たましんりんかがくえん

深い森の木々に囲まれて心ゆくまでバードウォッチングが楽しめる

　正式名称は国立研究開発法人森林研究・整備機構森林総合研究所 多摩森林科学園と言う。1921年に発足、桜の名所としても知られているのは日本全国の桜の銘木の遺伝子を保全しているためで、春は桜を愛でに多くの来園客がある。それ以外の季節も、野外型のすばらしい施設として根強いファンが訪れる。

　入場口で園内マップをもらい、散策を始めてみよう。「森の科学館」では旬の情報や、折々の充実した展示で学びを深めることができるが、まずは園内を歩いて回ろう。

　桜以外にも500種もの樹木が植えられており、多様な植物の息吹や魅力を全身で感じることができる。園内の掲示板は鳥や獣、木、花、虫など多岐にわたり、それらの一番見やすいスポットに展示されていて、わかりやすい。園内を歩くだけで多くを学べるようになっており、自然図鑑の中に入り込んだようで心が弾む。

　恵まれた環境のもと、留鳥が数多く見られる。夏には、オオルリやキビタキ、カラ類のさえずりも楽しく、冬鳥ではミヤマホオジロやルリビタキ、ジョウビタキがそこここの木々の向こうで餌を探している。野鳥観察は見上げることが多いが、ここでは窪地を見おろしながらの観察も可能で、楽しい。観光地ではない高尾山の、往時のままの自然をたっぷり味わうことができるのだ。

　園内は、階段もあるが、大回りでゆったりとした坂が整備されているので体調や体力など自分に合ったコースを選ぼう。補修のため閉鎖されている道や、開放される時期が限られるエリアもあるため、入場する際に確認したほうがよい。また、園内ガイドツアーもある。歩きやすい格好で行くことをおすすめする。

ここに暮らす鳥に会えます 低い山や林 空  草原

探鳥アドバイス

ベストシーズン	所要時間の目安
一年中	2〜3時間

森の科学館の右手から入る「第2樹木園」は、森林浴にぴったりな場所。大きな木や、実生の木など、さまざまな樹木を見ながらの探鳥は楽しい。野鳥は、気配を感じたら見るくらいがよい。トイレや休憩所も多数設置されており、自分のペースで歩くことができる。木と、鳥と、虫と…多くの生き物に囲まれていることに気づき、いつの間にか心身ともに癒されていることだろう。

①メジロ
②イカル
③アオジ

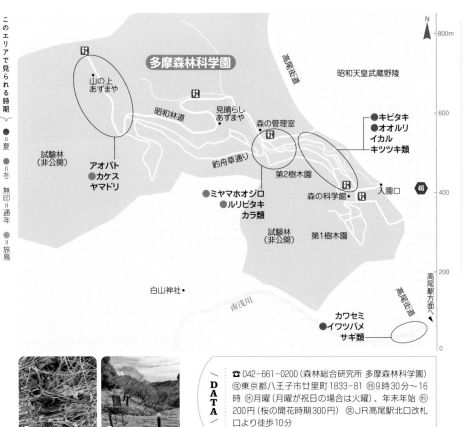

このエリアで見られる時期

●=夏
●=冬　無印=通年　●=旅鳥

多摩森林科学園

昭和天皇武蔵野陵

山の上
あずまや

高尾街道

昭和林道

見晴らし
あずまや

森の管理室

釣舟草通り

●キビタキ
●オオルリ
イカル
キツツキ類

試験林
（非公開）

アオバト
●カケス
ヤマドリ

第2樹木園

入園口

46

●ミヤマホオジロ
●ルリビタキ
カラ類

森の科学館

試験林
（非公開）

第1樹木園

高尾駅方面へ

白山神社・

南浅川

高尾街道

カワセミ
●イワツバメ
サギ類

④ミヤマホオジロ
⑤窪地を一望できる見晴らしのいい場所

☎ 042-661-0200（森林総合研究所 多摩森林科学園）
⊕東京都八王子市廿里町1833-81 ⊕9時30分〜16時 ㊡月曜（月曜が祝日の場合は火曜）、年末年始 ㊪200円（桜の開花時期300円） ㊛JR高尾駅北口改札口より徒歩10分

周辺情報　JR高尾駅の北口は観光客でごったがえす可能性がある。南口は大型スーパーやファストフード店があり、ここで昼食を調達し、多摩森林科学園でゆっくり過ごそう。

水辺の鳥と草地の鳥、両方をとことん楽しめる

多摩川中流域

たまがわちゅうりゅういき

ここでみられる♪
セグロセキレイ

◀鳥を見るには絶好の場所。平瀬と呼ばれる景観と探鳥を楽しもう

　多摩川中流域のゆったりした流れは平瀬と呼ばれ、河川敷は起伏もなく歩きやすい。最寄りの京王線聖蹟桜ヶ丘駅から小高い堤防に出て川原を望むと、さえぎるもののない視界が開ける。天気がよければ西に富士山、東に新宿の高層ビルや東京スカイツリーも見える。

　堤防上を歩くより、河川敷に下りて水辺近くを行けば、遠くからでは見過ごしてしまう鳥たちに出会えるだろう。

　春から初夏にかけては、上空を舞いながら歌うヒバリをはじめ、河川敷ではハクセキレイやホオジロがさえずっているので、鳴き声をたよりに姿を探すといい。

　夏は鳥の姿がぐっと少なくなるが、うだるような炎天下でもセッカの「ヒッヒッヒッ…」という小気味よいテンポの鳴き声が聞こえる。ただ、全長13cmとスズメよりはるかに

小さい姿を見つけ出すのにはひと苦労する。

　青く輝く姿から飛ぶ宝石と呼ばれるカワセミと出会えるスポットのひとつが、交通公園のある大栗川合流点付近の川辺。見つけるコツは「ツッピー」という鋭い声を聞き逃さないようにすることだ。

　殺風景な冬の河川敷に吹く風は冷たいが、防寒服を着込んで歩くと意外に鳥と出会える。セグロセキレイ、キセキレイ、タヒバリ、ツグミ、ジョウビタキ、モズ、ダイサギのほか、「ピーヒョロロ」という声に上空を見上げると、トビが輪を描きながら飛んでいることも。川面にはカルガモのほか、コガモやヒドリガモなどの渡り鳥が浮かび、羽を休めている。しかし突然ミサゴやオオタカ、ハヤブサなどの猛禽が現れると、一斉に飛び立つシーンに出会える。

ここに暮らす鳥に会えます　 川、河原　 草原　 湖や沼、池　 空　住宅地

探鳥アドバイス

ベストシーズン	所要時間の目安
通年	3時間

聖蹟桜ヶ丘駅から堤防に出て、下流方向に進むと順光で見やすい。春は、空にヒバリが鳴き、冬はコガモが他のカモたちと共に川面に浮かぶ。交通公園（大栗川の手前）までの道のりがおすすめのルート。そこまで行ったら戻ったほうがよい。駅周辺にはコンビニのほかレストランやスイーツなどの店舗がたくさんあるので、アフターバードウォッチングも楽しめる。

①ハクセキレイ。河川敷でさえずっている
②セッカ。スズメより小さいのでヒッヒッという鳴き声を頼りに探そう
③トビ。通年、会える

このエリアで見られる時期

●＝夏　●＝冬　無印＝通年　●＝旅鳥

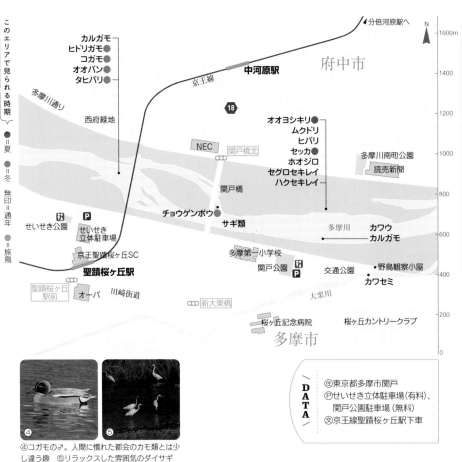

カルガモ
ヒドリガモ●
コガモ●
オオバン●
タヒバリ●

分倍河原駅へ

府中市

京王線　中河原駅

多摩川通り

西府緑地

18

NEC　関戸橋北

オオヨシキリ●
ムクドリ
ヒバリ
セッカ●
ホオジロ
セグロセキレイ
ハクセキレイ

多摩川南町公園
読売新聞

関戸橋

チョウゲンボウ　サギ類

多摩川　カワウ
カルガモ

せいせき公園　せいせき立体駐車場

京王聖蹟桜ヶ丘SC

多摩第一小学校

関戸公園

交通公園　・野鳥観察小屋

カワセミ

聖蹟桜ヶ丘駅

聖蹟桜ヶ丘駅前　オーパ　川崎街道

新大栗橋　大栗川

桜ヶ丘記念病院　桜ヶ丘カントリークラブ

多摩市

④コガモの♂。人間に慣れた都会のカモ類とは少し違う趣　⑤リラックスした雰囲気のダイサギ

DATA
⑱東京都多摩市関戸
Ｐせいせき立体駐車場（有料）、関戸公園駐車場（無料）
Ⓧ京王線聖蹟桜ヶ丘駅下車

周辺情報　日陰になるところがほとんどないので、夏の暑さ対策が必要。逆に、冬は北風が常に吹いているので防寒対策をしっかりと。トイレはせいせき公園、関戸公園にある。

アカコッコなどの希少な野鳥に出会える島

三宅島

みやけじま

約2000年前の噴火の火口湖「大路池」。森林の鳥、水辺の鳥を観察することができる

東京から南に約180km。バードアイランドとも呼ばれる三宅島は、鳥と人との距離が近く、初心者でも簡単に野鳥観察を楽しむことができる島だ。三宅島を代表する野鳥・アカコッコは年間を通して見ることことができるが、なんといってもおすすめの季節は春から初夏だ。

島一番のバードウォッチングポイントは大路池。池周辺の小径は「日本一のさえずりの小径」と呼ばれるほど、たくさんのさえずりが聞こえてくる。さえずりの中心は渡り鳥のイイジマムシクイ。国の天然記念物でもあるこの野鳥の密度の高さに驚かされるだろう。そのほか、タネコマドリやモスケミソサザイ、オーストンヤマガラなど、伊豆諸島南部の亜種のさえずりもよく聞こえる。近くにある「アカコッコ館」には（公財）日本野鳥の会のレンジャーが常駐しており、野鳥などの自然情報を得ることができる。春から初夏には週末ごとに観察会を実施しているので、レンジャーと一緒に三宅島の野鳥や植物を楽しく観察できる。また、館内の観察コーナーからもアカコッコやシチトウメジロなどが観察できる。

島の北西部にある伊豆岬もはずせないポイントだ。周辺の草地は伊豆諸島最大のウチヤマセンニュウの生息地で、灯台付近にある東屋からの観察がおすすめ。

また、島の東部のサタドー岬はアマツバメの繁殖地となっており、早朝には羽音が聞こえるほど低空飛行する大群に出会うことができる。

帰りのフェリーでは、海鳥のほか、クジラやイルカなどが観察できることもある。

ここに暮らす鳥に会えます 🌲 低い山や林　🏞 草原　🌊 海、海岸港

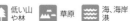

探鳥アドバイス

ベストシーズン	所要時間の目安
通年。特に春から初夏	島内2日間

島へのアクセスは調布飛行場からの飛行機や竹芝桟橋からのフェリーがあるが、帰路はフェリーを利用すると海鳥観察を楽しむことができる。島内ではレンタカーを借りると旬の野鳥情報をもとに効率よく探鳥できる。また、周辺海域でよく見られるウミガメの観察や、島ならではの食材を使ったご馳走、火山活動が作り出したダイナミックな景観も楽しみたい。

①三宅村の鳥に指定されているアカコッコ。地面でミミズなどを探すところがよく見られる
②近年、減少が懸念されているオーストンヤマガラだが、大路池や坪田林道、薬師堂などの森で観察できる
③三宅島ではタネコマドリが一年中暮らしている。その数の多さに驚くはずだ

④三宅島の草地といえばウチヤマセンニュウ。早朝や夕方が観察しやすい

このエリアで見られる時期
●＝夏　●＝冬　無印＝通年　●＝旅鳥

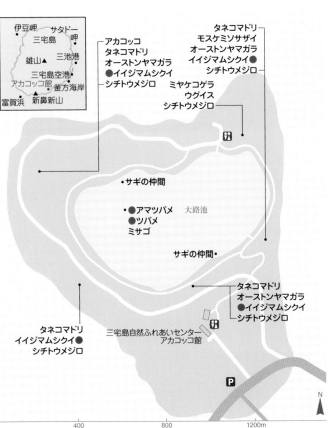

伊豆岬　サタドー岬
三宅島
雄山▲　三池港
三宅島空港
アカコッコ館　釜方海岸
富賀浜　新鼻新山

アカコッコ
タネコマドリ
オーストンヤマガラ
●イイジマムシクイ
シチトウメジロ

タネコマドリ
モスケミソサザイ
オーストンヤマガラ
イイジマムシクイ●
シチトウメジロ

ミヤケコゲラ
ウグイス
シチトウメジロ

大路池

・サギの仲間

・●アマツバメ
●ツバメ
ミサゴ

サギの仲間・

タネコマドリ
オーストンヤマガラ
●イイジマムシクイ
シチトウメジロ

タネコマドリ
イイジマムシクイ●
シチトウメジロ

三宅島自然ふれあいセンター
アカコッコ館

N

0　400　800　1200m

＼ DATA ／

☎0499-6-0410（三宅島自然ふれあいセンター・アカコッコ館）⊕東京都三宅島三宅村坪田4188 ㊙9時～16時30分 ㊋200円 ※15名以上の団体は1人160円 ㊡月曜（祝日の場合は翌日）、年末年始 Ⓟ20台（無料）㊋三池港から三宅村営バス13分、錆ヶ浜港から同バス12分、大路池下車、徒歩約5分

周辺情報　東海汽船航路、三宅島出港直後からの観察がオススメ。オオミズナギドリをはじめ冬から春にはアホウドリ類3種や春から初夏にはカンムリウミスズメも狙える。防寒防水をしっかりと。

千葉県 習志野市

奇跡的に開発を逃れた干潟でシギ・チドリ類に会う

谷津干潟
やつひがた

▲ハマシギと谷津干潟自然観察センター。全面ガラス張りのため干潟を一望できる

谷津干潟は1993年にラムサール条約に登録されている湿地帯だ。もともとは東京湾最深部の自然干潟だったが、高度経済成長期にそのほとんどが埋め立てられ、国有地だった谷津干潟の部分だけが市民による保全活動により残った。長方形の湖沼のようだが、2本の水路で海とつながり、潮の満ち干きがある。

水鳥の食糧となる水生動物が多く、四季を通してさまざまな種類の野鳥が見られる。

春は、旅鳥のシギ・チドリ類の渡りのシーズンで、オオソリハシシギやチュウシャクシギ、メダイチドリなどがカニやゴカイを採食する姿が見られる。

夏にはカワセミやサギの仲間が魚を採って食べる姿などを目にすることもある。

秋の渡り時期にはシベリアなどで繁殖を終えたシギ・チドリ類が再び渡来する。冬にかけてはカモ類やハマシギ、ダイゼンなどがやってきてにぎやかになる。

初心者なら観察センターに立ち寄り、レンジャーに自然情報を聞いてみるのがいいだろう。見どころ案内や双眼鏡の貸し出しも行っているので、手ぶらで来てもバードウォッチングが楽しめる。

谷津干潟は1周（3.5㎞）することができるため周遊するのもいい。鳥を驚かさずに観察できる観察窓が付いた壁が随所にあるので利用しよう。静かにしていれば目の前まで野鳥が来ることもある。

満潮になると、干潟の北東部や貝殻島（通称）に鳥たちが羽を休めに集まってくる。さまざまな種類が混在するので、細かく見たい人、識別を楽しみたい人はこのタイミングがベストだろう。

ここに暮らす鳥に会えます　川、河原　海、海岸港　空

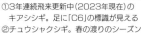

探鳥アドバイス

ベストシーズン	所要時間の目安
通年。特に春	約2時間

初心者なら谷津干潟自然観察センターに立ち寄り、レンジャーに見どころを案内してもらうとよい。双眼鏡の貸し出しも行っているので手ぶらで行ってもバードウォッチングが楽しめる。春と秋はシギ・チドリ類、夏はサギ類やカワセミ、冬にはカモ類やハマシギ、ダイゼンが飛来する。谷津干潟を1周しながらのんびり散策しよう。魚やカニ、ゴカイを食べる様子が間近で見られる。シギチドリ類を見るなら最干潮時間の前後2時間がおすすめ。

①3年連続飛来更新中（2023年現在）のキアシシギ。足に「C6」の標識が見える
②チュウシャクシギ。春の渡りのシーズンにはねぐら入りする
③メダイチドリ。春秋の渡りのシーズンにやってくる

探鳥地ガイド 関東／千葉県

このエリアで見られる時期
● ＝ 夏
● ＝ 冬
無印 ＝ 通年
● ＝ 旅鳥

南船橋駅へ
東関東自動車道
JR京葉線
若松
⑧
若松

花輪ICへ
N
1200m

サギ類
カモ類
オオバン

サギ類
カルガモ
カワウ
キシアシシギなどシギ類
ダイゼン
ハマシギ　谷津バラ園
ヒドリガモなどカモ類
ウミネコ

ダイゼン
オオソリハシシギなどシギ類
ハマシギ
ヒドリガモ
コチドリ

谷津干潟

京葉道路

カワセミ
イソシギ
ハクセキレイ
チュウシャクシギなどシギ類
トウネンなどのシギ・チドリ類
コチドリ
コガモなどカモ類
オオバン

谷津船橋IC

習志野緑地
自然観察センター

サギ類
カイツブリ
カワセミ
イソシギ
ハクセキレイ
オオヨシキリ
コチドリ
タシギ
コガモなどカモ類
オオバン
ツグミ
ジョウビタキ
⑮

キョウシギなどシギ・チドリ類
ハマシギ
ズグロカモメ
カモ類

Ｐ

メダイチドリ
キアシシギ

メダイチドリ
キョウジョシギ
キアシシギ
ダイゼン
オオバン
ハマシギ
オナガガモなどカモ類

新習志野駅へ

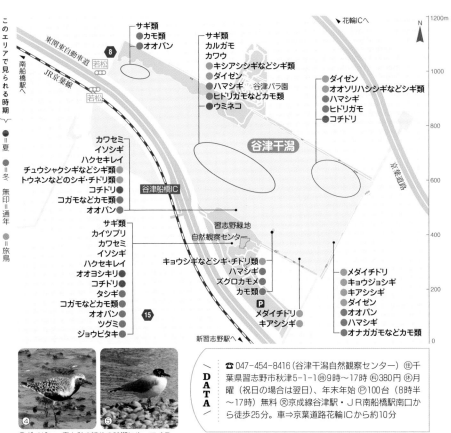

④ダイゼン。春と秋の渡りの時期にやってくる
⑤ズグロカモメ。越冬のために飛来する

DATA
☎ 047-454-8416（谷津干潟自然観察センター）⊕千葉県習志野市秋津5-1-1 ⊛9時〜17時 ㊷380円 ㊭月曜（祝日の場合は翌日）、年末年始 ㋵100台（8時半〜17時）無料 ㊝京成線谷津駅・ＪＲ南船橋駅南口から徒歩25分。車⇒京葉道路花輪ICから約10分

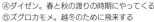

周辺情報　観察の後は谷津干潟自然観察センター内にあるカフェ「Café Oasis」で景色を見ながら食事やお茶を。看板メニューの焼きおにぎりセットはダイゼンとカニのオリジナル海苔付き。売店「ちどり屋」では野鳥図鑑や鳥グッズも販売している。

文豪にも愛された、水鳥の貴重な生息地

手賀沼

てがぬま

ここでみられる♪
オオバン

◀ 手賀沼遊歩道の桜のライトアップ。沼沿いに約5km、約20種の桜が咲き誇る

　千葉県北西部に位置する手賀沼。周辺はかつて白樺派の文人をはじめとする、多くの文化人に親しまれた地。縄文時代には海面が上がり、深く削られた谷に海水が入り込み入江になった。その後、海が退き、海底が地表に現れ陸となり、低い土地には水がたまり、湖や沼となった。手賀沼もそのうちの一つである。江戸時代には堤防工事や干拓による新田開発が行われ、手賀沼の面積は半分に。昭和になると国の大規模な干拓事業が行われ、手賀大橋の西側を上沼、東側を下沼と呼ぶようになった。周辺地域の人口増加により一時は深刻な水質汚濁に悩まされたが、今では少しずつ水質が改善され、水鳥の貴重な生息地となっている。

　手賀沼の南岸には、北柏橋（柏市柏下）を起点に手賀曙橋（柏市片山新田）まで「手賀沼自然ふれあい緑道」が整備されていて、自然を楽しみながら探索できる。また、北岸の手賀沼公園からフィッシングセンターまで続く手賀沼遊歩道沿いには、我孫子市鳥の博物館や手賀沼親水広場があり、鳥好きには最高の場所だ。

　探鳥におすすめのスポットは沼沿いにある各公園や、手賀大橋からフィッシングセンターにかけての南岸の遊歩道。サギの仲間やカワウ、カイツブリといった水鳥をはじめ、我孫子市の鳥「オオバン」が見られる。初夏にはヨシ原でさえずるオオヨシキリの鳴き声が聞こえる。秋から冬にかけてはコガモやマガモなどのカモ類が多数飛来し、羽を休める姿や湖面を飛び交う姿が観察できる。猛禽類のミサゴやオオタカを見ることもある。沼の周辺には水田や斜面林があり、さまざまな環境に生息する鳥に出会える。

ここに暮らす鳥に会えます ▶ 湖や沼、池 農耕地干拓地

探鳥アドバイス

ベストシーズン	所要時間の目安
通年 特に秋から冬	3時間

我孫子駅からは「上沼」、天王台駅・東我孫子駅からは「下沼」での観察がおすすめ。上沼には柏ふるさと公園、北柏ふるさと公園（カフェ有）、手賀沼公園（カフェ有）があり、公園を楽しみながら探索できる。下沼には手賀沼親水広場（レストラン有）、フィッシングセンター（レストラン有）がある。下沼は車道と水辺が離れている場所が多いため、比較的静かに観察できる。秋・冬に水鳥をたくさん観察したい時には下沼を選ぼう。

①我孫子市の鳥オオバンは手賀沼で1年中見られる

②コブハクチョウの子育てを観察できる

③「飛ぶ宝石」と呼ばれるカワセミ

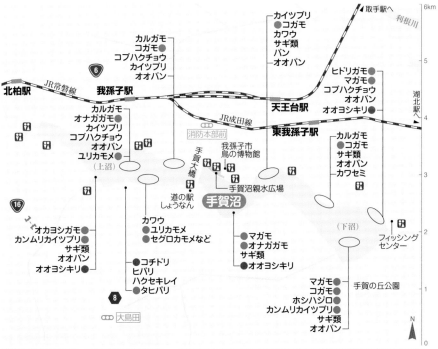

このエリアで見られる時期
● ＝夏
● ＝冬
無印＝通年
● ＝旅鳥

北柏駅　JR常磐線　我孫子駅　天王台駅　東我孫子駅　取手駅へ　湖北駅へ　利根川　JR成田線　消防本部前　我孫子市鳥の博物館　手賀大橋　道の駅しょうなん　手賀沼親水広場　手賀沼

カルガモ　コガモ●　コブハクチョウ　カイツブリ　オオバン

カイツブリ●　コガモ●　カワウ　サギ類　バン　オオバン

ヒドリガモ●　マガモ●　コブハクチョウ　オオバン　オオヨシキリ

カルガモ　オナガモ●　カイツブリ　コブハクチョウ　オオバン　ユリカモメ●（上沼）

カルガモ　コガモ●　サギ類　オオバン　カワセミ

オカヨシガモ●　カンムリカイツブリ●　サギ類　オオバン　オオヨシキリ●

カワウ　ユリカモメ●　セグロカモメなど●

マガモ●　オナガガモ●　サギ類　オオヨシキリ●（下沼）

フィッシングセンター

コチドリ●　ヒバリ　ハクセキレイ　タヒバリ●

マガモ●　コガモ●　ホシハジロ●　カンムリカイツブリ●　サギ類　オオバン　手賀の丘公園

大島田　N

④毎年秋に開催されるジャパン・バードフェスティバル　⑤ヨシ原のシジュウカラ

> **DATA**
> ☎04-7184-0555（手賀沼親水広場・水の館）㊟千葉県我孫子市、柏市、印西市、白井市　㊞手賀沼親水広場・水の館は9時〜17時　㊧無料　㊡第4水曜（祝日の場合は第3水曜）Ｐ手賀沼親水広場・多目的広場に約180台（無料）、手賀沼公園に約50台（最初の1時間は無料）㊕最寄り駅はJR我孫子駅。手賀沼公園まで徒歩約20分

周辺情報　手賀沼親水広場前には、日本で初めて鳥だけを専門に扱った「我孫子市鳥の博物館」がある。手賀沼の鳥や自然をジオラマで紹介するほか、世界中の鳥の展示や企画展も随時開催。ぜひ立ち寄りたい所だ。

埼玉県内でも特に野鳥の種類が多い都市公園

秋ヶ瀬公園

あきがせこうえん

キジ

▲ワイルドな林の中に池が点在する都市型公園。写真はピクニックの森

　さいたま市の西端、荒川の河川敷に広がる公園。北に大久保農耕地、南に彩湖（秋ヶ瀬調整池）があり、水田や葦原、河川や雑木林といった多彩な環境が混在。そのため、都市部から近い場所にありながら、200種を超える野鳥が観察できる公園になっている。

　また、関東最大級のハンの木群生地で、小型の美しいチョウの一種、ミドリシジミの一大生息地でもある。

　園内にはスポーツゾーンやバーベキューエリアがあり、行楽シーズンの休日は家族連れやスポーツを楽しむ市民で賑わう。

　野鳥観察は「ピクニックの森」、「こどもの森」、「野鳥園」がおすすめ。「ピクニックの森」はハンノキ林に池が点在するエリアで深い緑に覆われ、意外な野鳥に出会う可能性が高く、じっくり観察したい。「こどもの森」に

は開けた草地があり、野鳥が見つけやすい。家族や友人とピクニックを楽しみながらの探鳥もよいだろう。

　さすがに真夏は鳥影が少なくなるが、秋から春にかけてはさまざまな野鳥が入れ替わり立ち替わり観察される。

　秋にはキビタキ・エゾビタキ・センダイムシクイなどの旅鳥が多く、冬になるとジョウビタキやクロジ、地面にはアカハラ、シロハラ、トラツグミなどでにぎやかになる。鳥との距離が近くなる冬こそ、いろいろな鳥をじっくり観察したい。

　春には渡りの途中の鳥も多く立ち寄る。飛来数が年によって大きく違うが、レンジャクの仲間に会えることもあるし、オオルリ、サンコウチョウ、コマドリとの出会いも期待できる。

ここに暮らす鳥に会えます　川、河原　農耕地干拓地　低い山や林　草原　湖や沼、池

探鳥アドバイス

ベストシーズン	所要時間の目安
冬、春、秋	約3時間

南北に長く、直線距離で3kmほどもあるため、長時間の探鳥がきついと思う人は1～2カ所ポイントを決めて訪れるとよい。鴨川放水路沿いや田んぼ周辺は開けていて鳥を探しやすく、土手からは富士山が見え、美しい。園内に自動販売機はあるが、売店はないので長時間散策するなら弁当など食べ物を持参しよう。ゴミ箱はないのでゴミは必ず持ち帰ろう。休日は来園者も多く、撮影の際はマナーを大切に。

①アオバズク。夏鳥で夜行性。見られたら幸運！
②キビタキ。初夏には森の中でさえずりが聞こえる
③近隣の彩湖（荒川調整池）では多くの水鳥を見られる

このエリアで見られる時期

●＝夏
●＝冬
無印＝通年
●＝旅鳥

下大久保
Ｑ下大久保
463
舟和・浦和工場売店
浦和所沢バイパス
羽根倉橋
ピクニックの森
炊飯場
レッズランド
野球場
ソフトボール場
三ツ池園地
生涯スポーツエリア
三ツ池グランド
希望のくにグランド
西洋庭園
こどもの森
鴨川放水路
秋ヶ瀬・公園事務所
プラザウエスト・
田んぼ
テニスコート
野球場
サッカー場
道場 Ｑ道場
浦和駅方面へ

●カッコウ　　●ジョウビタキ　●サギ類
●ツツドリ　　ヒタキ類　　　●カモ類
カワセミ　　　シジュウカラ
●アリスイ　　メジロ
アカゲラ　　　●ミヤマホオジロ
アオゲラ　　　●アオジ
コゲラ　　　　●シメ

●カワウ
●カルガモ
●コガモ
●ユリカモメ
●コチドリ
イソシギ
●ハクセキレイ

④「こどもの森」には開けた草地がある
⑤周囲の田園風景。晴れた日には富士山が見える

荒川

ツグミ●
タヒバリ●
チョウゲンボウ●
キジ●

アカゲラ●
アオゲラ●
コゲラ●
ジョウビタキ●
トラツグミ●
アカハラ●
シロハラ●
キビタキ●
オオルリ●
サンコウチョウ●
シジュウカラ
メジロ
アオジ●
マヒワ●

コゲラ
モズ
ホオジロ
アオジ●
ベニマシコ●
オナガ

●・ヒレンジャク
秋ヶ瀬公園
野鳥園

野鳥の森

ヘリポート
さくら草公園 Ｑ

ラグビー場
さいたま東村山線

秋ヶ瀬橋
彩湖
N

0　400　800　1200　1600　2000m

探鳥地ガイド｜関東／埼玉県

\ DATA /

☎048-865-7966（秋ヶ瀬公園管理事務所）⊕埼玉県さいたま市桜区道場⏰5～19時❤無休❤977台❤無料）❌JR浦和駅（西口）から国際興業バス浦11・12、浦桜13系統などで約15分、道場下車。徒歩15分。※公式HP参照

カンムリカイツブリの大群とオオタカの飛翔に心奪われる

狭山湖

さやまこ

狭山湖のシンボル取水塔と湖面

狭山湖は、埼玉県の最南部の、少し歩けば東京都という丘陵地帯に位置している。ダム湖の水源地として周囲の森林が保護されており、豊かな自然が残されていることで知られる。四季折々に楽しめるが、春から秋までは埼玉の他の丘陵地帯で見られる鳥とほとんど変わらない。狭山湖が鳥たちでにぎわうのは11月から4月の約半年間だ。

狭山湖で越冬するカンムリカイツブリの大群は、この種が多くなかった昭和の頃から知られていた。観察する場合は少数いるハジロカイツブリも見落とさないようにしたい。水面にはほかにも多くのカモ類が浮き、運が良ければヨシガモ、トモエガモ、オカヨシガモなどを堤防の水際で観察することができる。

湖面の奥にはホオジロガモ、ミコアイサ、カワアイサなどの潜水カモも時々見られる。

水鳥が多いと、それを狙う猛禽類も集まってくるが、特にオオタカはこの周辺で繁殖していて、カモが一斉に飛び立った時は空を見上げてみよう。冬には他にノスリやミサゴ、チョウゲンボウなども上空に現れる。

堤防を歩くだけでも観察はできるが、午後は逆光となるので午前中の行動がベスト。堤防の両端には林があり、ルリビタキやイカル、アオゲラなどの小鳥類も楽しめる。

狭山湖周辺は道路が狭く、駐車場も少ないので、公共交通機関で訪れたほうがよい。ただし、最寄り駅近くのベルーナドームで試合やイベントがある日は、駅が混雑するのでご注意を。

狭山湖は湖面のほとんどが所沢市に属しており、実は狭山市にはない。湖岸は全面立ち入り禁止で、水際に近づくことはできない。

ここに暮らす鳥に会えます 湖や沼、池 🌲 低い山や林 ☁ 空

探鳥アドバイス

ベストシーズン	所要時間の目安
冬	約3時間

西武球場前駅を下車、コンビニや飲食店は駅周辺だけで、ほかに店はない。山口観音の横の道を登ると、ほどなく狭山湖のダムがある堤防の上に出る。途中の林でもエナガ、コゲラ、シロハラなどの小鳥が見られるので、双眼鏡の準備を忘れずに。ダムの南側に公衆トイレがある。ダムの上を往復すれば、湖面のほとんどの水鳥を見ることができる。冬は風が強いので防寒対策を忘れずに。

①カンムリカイツブリの大群は冬の狭山湖名物
②湖周辺で繁殖しているオオタカ。見やすいのは冬
③冬に林に現れるルリビタキ。オスは美しいブルー

探鳥地ガイド ｜ 関東／埼玉県

このエリアで見られる時期

● =夏　● =冬　無印＝通年　● =旅鳥

全域
オオタカ
● ● ノスリ
● ● ミサゴ

狭山湖

県立狭山自然公園

カンムリカイツブリ ●
ハジロカイツブリ ●
マガモ ●
コガモ ●
ヨシガモ ●
オカヨシガモ ●
トモエガモ ●

所沢武蔵村山立川線

アオゲラ
コゲラ
キセキレイ
● シロハラ
● ルリビタキ
● ジョウビタキ
● ビンズイ
エナガ

狭山湖運動場

所沢方面へ

2400m

1800

西武狭山線

55

西武園ゆうえんちへ

西武レオライナー

1200

西武球場前駅

ベルーナドーム

狭山スキー場

600

多摩湖

村山上ダム

N

0

④ヨシガモ。東アジア特産の美しいカモ

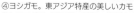

⑤トモエガモ。東アジア特産で、海外のバーダー憧れの鳥

DATA
☎ 04-2935-3151（所沢市まちづくり観光協会）⑭埼玉県所沢市 ℗82台（20分以内は無料）⊗西武狭山線西武球場前駅から徒歩20分。車⇒関越自動車道所沢ICから国道463号経由で約30分

周辺情報　狭山湖の北西部には「さいたま緑の森博物館」が、北東部には「トトロの森」が、そう遠くない距離にあり、環境が保全されている。時間に余裕があれば訪れてみるのもよい。

昔ながらの谷戸の自然の中で、多くの野鳥と出会う

舞岡公園

まいおかこうえん

昔ながらの谷戸の風景は関東地方の丘陵地に多く見られる地形

横浜市の原風景である谷戸の地形を生かした昔ながらの田園風景が残されている大きな公園。園内は谷戸（丘に谷間が入り込んだ地の意）と小高い丘陵が成す起伏に富んだ地形で、田んぼ、畑、池、湿地、草地、樹林地など多様な環境を形成、野鳥のみならず、四季折々の豊かな動植物に親しめる。

谷戸では、さくらなみ池、かっぱ池、無農薬で営まれる耕作体験田にカワセミ、コサギ、バンなどがいる。初夏にはカルガモの親子が見られることもある。冬には、渡ってきたマガモ、コガモ、キンクロハジロなどのカモ類、湿地にはヤマシギ、田畑や草地ではモズやジョウビタキなどに会える。

丘陵は一帯が樹林地で、山道のような起伏のある遊歩道が整備され、休憩所もあり、ばらの丸の丘、中丸の丘などは広場になってい

る。シジュウカラ、エナガ、アオゲラなど森の野鳥が生息しており、渡りの時期にはキビタキ、オオルリ、コサメビタキ、エゾビタキなども訪れる。冬は茂みにルリビタキ、アオジ、アカハラ、林間にシメ、イカルなどがいて越冬する。

谷戸の奥にある湧水源は立入禁止の自然保護区として保全されており、豊かな自然を支えている。

舞岡公園は地域住民を中心とする市民活動によって自然が保全されてきた。市民ボランティアが園内の施設も管理し、冬期バードウォッチングや季節ごとの自然観察会、農業体験の催しを開催・運営している。小谷戸の里に管理事務所があるので、観察会などに興味のある人は立ち寄ってみるといいだろう。

ここに暮らす鳥に会えます　　湖や沼、池　低い山や林　農耕地干拓地　

探鳥アドバイス

ベストシーズン	所要時間の目安
通年、特に冬。	約2時間

おすすめは公園南口にある市公園管理詰所、小谷戸の里、公園北口の瓜久保の家(休憩所)の施設をつなぎ、ばらの丸の丘、さくらなみ池、きざはし池、耕作体験田を巡るコース。道は広く歩きやすい。これに瓜久保・かっぱ池、中丸の丘、明治学院大学との境にある尾根道などを組み合わせると、山歩き気分を味わいながら探鳥を楽しめる。飲食物の販売や自販機、ごみ箱、街灯はない。

①アオゲラ。丘陵の樹林地で通年見られる。キョッキョッ、ケララララ、ピョーなどの鳴き声やドラミングの音で気づかされる
②ヤマシギ。冬、小谷戸の里近くの湿地で見られる。長いクチバシで地中のミミズなどを採餌している
③さくらなみ池。カワセミや、冬にはカモ類が飛来する

④ばらの丸の丘は広場になっていて、森の野鳥が訪れる

探鳥地ガイド ── 関東／神奈川県

このエリアで見られる時期

● = 夏　● = 冬　無印 = 通年　● = 旅鳥

▲舞岡ふるさとの森　　▲舞岡駅方面へ

♀坂下口

前田の丘

瓜久保の家🚻

かっぱ池

みずき休憩所

舞岡公園

明治学院大学

丘陵

中丸の丘

谷戸

さくらなみ池

きざはし池　←北門

宮田池

♀京急ニュータウン

明治学院大学南門入口

小谷戸の里管理事務所

耕作体験田んぼ

東門

ばらの丸の丘

もみじ休憩所

🅿

🅿公園管理詰所

こぶし広場

大原おき池🚻

長久保池

南門

おおなばの丘

ヤマシギ●

コサギ●
ジョウビタキ●

- シジュウカラ
- エナガ
- アオゲラ
- ●キビタキ
- ●オオルリ
- ●コサメビタキ
- ●ルリビタキ
- ●アオジ
- ●アカハラ
- ●シメ
- ●イカル

- カルガモ
- カワセミ
- ●マガモ
- ●コガモ
- ●キンクロハジロ

N

▶本郷台方面へ

0　200　400　600　800　1000m

DATA

☎045-824-0107 ⑪神奈川県横浜市戸塚区舞岡町1764 ⑭無休。但し小谷戸の里は第1・3月曜(祝日の場合は翌日) ⑫118台(有料) ⑰P利用は6〜21時 ⑳横浜市営地下鉄舞岡駅から徒歩25分。JR戸塚駅東口から江ノ電京急京浜ニュータウン行き17分、終点下車、徒歩3分または舞岡台循環で14分、坂下口下車、徒歩1分。

公園門(南・北・東)内は8時30分〜19時(11〜3月は17時まで)

周辺情報　北方1.5kmの地下鉄舞岡駅との間は「舞岡ふるさと村」の区域で、舞岡ふるさとの森散策道や小川アメニティ散策路が整備され、身近な野鳥が楽しめる。

大都市に残された広大な森の一角

横浜自然観察の森

よこはましぜんかんさつのもり

ここでみられる♪
アオゲラ

自然観察センター。調査活動の成果を取り入れた展示も見どころ

　「横浜にこんな森があるのですね！」と、思わず声に出るほど広大で自然豊かな場所、それが横浜自然観察の森だ。ここは市最大の緑地の南端で、その緑は鎌倉市へも続いている。年間で観察される野鳥は90種ほど。町中の公園や川では出会いにくい、アオゲラ、ヤマガラ、エナガ、コジュケイといった野鳥が一年を通じて見られる。

　森の野鳥観察入門には木の葉の落ちた冬の森がおすすめだ。耳を澄ますと、地上付近からアオジ、クロジ、シロハラの地鳴きや、落ち葉をひっくり返す音が聞こえてくる。シジュウカラ、ヤマガラ、エナガ、メジロ、コゲラなどがせわしなく動く姿に目移りするのも楽しい。イカルやシメがエノキの実をパチパチつぶして食べていることもある。

　春が近づくと森はウグイスのさえずりでいっぱいになる。やがて夏鳥のキビタキ、センダイムシクイ、ヤブサメが飛来する。町の騒音がなく、自然の音を存分に楽しめる場所なので、鳥の姿を探すのに慣れていなくても、鳥の声に耳を澄まし、音色にどっぷり浸ろう。

　園内に点在する小規模な水辺や草むらを探鳥コースに取り入れると、見られる種類の幅が広がる。ミズキの谷の池には、カワセミ、カルガモが、ピクニック広場やアキアカネの丘にはモズ、ホオジロ、ジョウビタキがいて、冬の観察ポイントになっている。タカ類が上空にいることもあるので気にとめておきたい。

　昆虫や植物の種類も豊富な森で、鳥たちがどんなものを食べているかなど生きものどうしの本来のつながりを観察できるのも、この森の魅力だ。ぜひ、鳥を切り口に、生きもののにぎわいに触れてもらいたい。

ここに暮らす鳥に会えます 　空　低い山や林　住宅地

探鳥アドバイス

ベストシーズン	所要時間の目安
冬～春、初夏	半日程度

午前中から半日ほど時間をかけたい。園路が狭いので通行は譲り合おう。園内に自然観察センターがあり、森の保全活動の拠点となっている。野鳥情報を入手したり、森の生きものに詳しいレンジャーに質問したりすることができる。通行止めや危険生物等の情報もあるので、最初に立ち寄ると安心。観察会も開かれており、活用するとよい。飲料の自販機あり。トイレは3カ所で、多目的トイレあり。三脚の使用は広場で。

①エゴノキの実を運ぶヤマガラ
②冬の園路で採食するアオジ

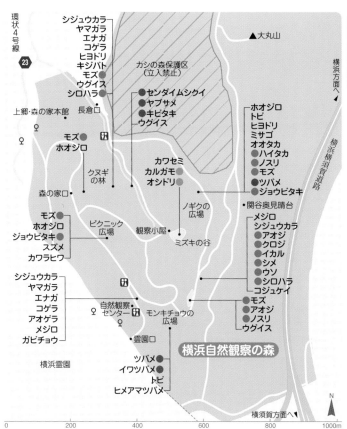

③モンキチョウの広場

このエリアで見られる時期

●＝夏　　●＝冬　無印＝通年　　●＝旅鳥

環状4号線

23

シジュウカラ
ヤマガラ
エナガ
コゲラ
ヒヨドリ
キジバト
モズ
ウグイス
シロハラ

カシの森保護区
（立入禁止）

▲大丸山

横浜方面へ

上郷・森の家本館

長倉口

モズ ♀
ホオジロ

センダイムシクイ
ヤブサメ
キビタキ
ウグイス

ホオジロ
トビ
ヒヨドリ
ミサゴ
オオタカ
ハイタカ
ノスリ
モズ
ツバメ
ジョウビタキ

横浜横須賀道路

クヌギの林

森の家口

カワセミ
カルガモ
オシドリ

ノギクの広場

メジロ
シジュウカラ
アオジ
クロジ
イカル
シメ
ウソ
シロハラ
コジュケイ

関谷奥見晴台

観察小屋

ミズキの谷

モズ
ホオジロ
ジョウビタキ
スズメ
カワラヒワ

ピクニック広場

モズ
アオジ
ノスリ
ウグイス

シジュウカラ
ヤマガラ
エナガ
コゲラ
アオゲラ
メジロ
ガビチョウ

自然観察センター ♀

モンキチョウの広場

霊園口

横浜自然観察の森

横浜霊園

ツバメ
イワツバメ
トビ
ヒメアマツバメ

横須賀方面へ

N

0　　200　　400　　600　　800　　1000m

＼ DATA ／

☎045-894-7474（横浜自然観察の森）⑭神奈川県　横浜市栄区上郷町1562-1　自然観察センター⑭無料　⑭9時～16時30分（自車場が利用可（有料）㉚隣接する宿泊施設「上郷・森の家」の駐交通バス「大船駅」「上郷ネオポリス」行きバスで約15分。㉚京浜急行金沢八景駅から神奈川中央ス停「横浜霊園前」下車、徒歩7分。階段あり。バ

探鳥地ガイド　関東／神奈川県

周辺情報　ハイキングコースを利用して、横浜市内の最高峰である大丸山（おおまるやま）や、金沢自然公園、鎌倉（建長寺・鶴岡八幡宮方面）に行くことができる。

都心から近い温泉リゾートで草原や森林の鳥、水鳥も楽しめる

芦ノ湖（湖尻地区）
箱根ビジターセンター周辺

あしのこ　こじりちく　はこね　しゅうへん

ここでみられる♪
サンコウチョウ

子どもの広場
Kodomo-no-Hiroba

▲芦ノ湖周辺は草原と雑木林のモザイク植生のため、草原の鳥も森林の鳥も楽しめる

　芦ノ湖は、箱根山の外輪山の雨水が集まってできたカルデラ湖。その北岸である湖尻地区から北側の仙石原までは、平坦地は湧水による湿原で、斜面は火山噴石による痩せ土のため作物が育たず、ススキの茅場にしていた。明治になり、この湿原・草原を活かして牧場が営まれ、昭和初期以降、ゴルフ場や避暑別荘地となったが、現在でも一部が湿原や草原として点在し、草原や森林の鳥、水鳥といった多彩な野鳥を見ることができる。

　林内の遊歩道は展望が狭く「声はすれども姿は見えず」となりやすいが、草原に立って林を眺めると森林性の鳥も見やすく、このため複数の草原を結ぶルートをおすすめする。林内ではキツツキ類（アオゲラ、アカゲラ、コゲラ）のドラミング（叩く音）やカラ類の声、冬ならツグミ、アカハラ、シロハラが落ち葉をめくる音を頼りに探そう。

　草原に着いたら、まずは双眼鏡で草地を歩くキジやツグミ類を探そう。そのあと草原の中を歩いて林縁をチェックしよう。枝先で採餌するカラ類、ホオジロ類、メジロ、夏なら樹頂部でさえずるキビタキ、オオルリ、クロツグミ、イカルなどの森の鳥や、冬なら低木の種子を食べるマヒワやベニマシコ、アオジや、林縁で虫を食べているルリビタキ、ジョウビタキなどを探そう。

　上空を見上げればイワツバメ、ノスリ、ハイタカなどが見られることも。耳を澄ませば夏ならジュウイチやホトトギスの声や、「ウオーウオー」というアオバト特有の変なさえずりも聞こえてくる。湖岸に出られるポイントでは、冬ならキンクロハジロ、ホシハジロ、ホオジロガモ、ハジロカイツブリ、オオバン、カワウなどが見られる。

ここに暮らす鳥に会えます　空　低い山や林　草原　湖や沼、池

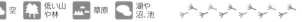

探鳥アドバイス

ベストシーズン	所要時間の目安
通年	約2時間

夏鳥は4月下旬〜6月の早朝がおすすめ。冬鳥と水鳥は12月〜3月上旬。環境省箱根ビジターセンターでは、季節ごとの自然情報の展示解説や双眼鏡貸出し、鳥や花の図鑑の閲覧を行っている。立ち寄って最新の情報を入手しよう。季節・毎週の自然観察会（毎日曜10〜12時等）は公式サイトを参照。箱根ロープウェイの桃源台駅から200m南東に飲食店街があり、芦ノ湖のワカサギ料理が名物。コンビニはない。

①クロツグミ。「キョロリ」とのどかにさえずる
②マヒワの飛び立ち。種子を好んで食べる
③サンコウチョウ。「月日星、ホイホイホイ」と鳴く

探鳥地ガイド ── 関東／神奈川県

このエリアで見られる時期
●＝夏　●＝冬　無印＝通年　●＝旅鳥

箱根湖畔GC

クロツグミ
オオルリ
キビタキ
イカル

マヒワ
ベニマシコ
アオジ
ウソ

野鳥の観察小屋

ノスリ
ハイタカ
マヒワ
ベニマシコ
アオジ
ジュウイチ
ホトトギス

ツグミ
アカハラ
シロハラ
キツツキ類

カシラダカ
キジ
イワツバメ

芦ノ湖スカイラインへ▲

早川

草原

キツツキ類
カラ類
ウグイス

箱根高原ホテル

箱根ビジターセンター

箱根

75

仙石原へ

箱根レイクホテル

キジ
メジロ
カラ類
ホオジロ類

草原

湖尻水門

芦ノ湖キャンプ村

アオジ
ルリビタキ
ジョウビタキ

ルリビタキ
ジョウビタキ
ツグミ類

展望スポット

草原

展望スポット

キツツキ類
メジロ
ヒヨドリ
カラ類

おすすめルート

箱根ロープウェイ

湖尻港の食堂街へ

カワセミ
キンクロハジロ
ホシハジロ
ホオジロガモ
ハジロカイツブリ
オオバン
カワウ

芦ノ湖

桃源台駅

桃源台港

N

④ハジロカイツブリ。潜水し小魚を捕食

⑤ホシハジロ。キンクロハジロとよく一緒にいる

DATA

☎0460-84-9981（環境省箱根ビジターセンター）㊤神奈川県足柄下郡箱根町元箱根164 ㊥9時〜16時30分最終入館。㊪無料。㊭第2・4月曜（祝日の場合は翌日）。12月28日〜1月3日 ㊈約35台 ㊥小田急線小田原駅・湯本駅から箱根登山バス桃源台行きで50分、白百合台下車すぐ。または小田急線小田原駅・湯本駅から箱根登山鉄道、ケーブルカー、箱根ロープウェイで終点の桃源台駅下車すぐ

周辺情報　仙石原のススキ野原ではキジやホオジロが見られる。箱根湿生花園も花や野鳥がおすすめ。早川沿いの自然探索路は温湯と呼ばれる湧水地帯の灌木林で、ノジコが2000年頃まで繁殖していた。

水辺とヨシ原が織りなす、越後平野の原風景を今に残す

福島潟
ふくしまがた

ここでみられる人
ヨシゴイ

五頭連峰（ごずれんぼう）の残雪と福島潟

越後平野の北東部に位置する広さ262ヘクタールの潟湖。「日本の自然百選」にも選ばれた福島潟には一年を通して多くの鳥類が訪れる。231ヘクタールが「国指定鳥獣保護区」に指定され、国の天然記念物であるオオヒシクイの全国有数の越冬地でもある。

北西部は水の公園福島潟として整備されており、望遠鏡を設置した野鳥観察施設「雁晴れ舎」や、福島潟の情報発信施設である水の駅「ビュー福島潟」がある。

おすすめは、水の駅「ビュー福島潟」の駐車場から自然学習園を散策し、雁晴れ舎に向かうコース。春から夏にかけてヒバリ、ホオアカ、オオヨシキリ、カッコウの声がにぎやかに聞こえ、キジやコヨシキリなども見られる。潟端の遊歩道からはカンムリカイツブリがヒナを連れている姿を見ることがある。ま

た、対岸の遊潟広場まで足を延ばすと、夏にはハスの花とアマサギやチュウサギ、ダイサギなどのサギ類やバンが見られ、運が良いとヨシゴイも観察できる。

秋から冬にかけてはガン、ハクチョウやカモ類が多く訪れ、猛禽類も多数飛来する。早朝はオオヒシクイ、マガン、コハクチョウの群れが田んぼで餌をとるために次々と飛び立つ様子が観察できる。日の出前から飛び立つこともあるため、雁晴れ舎には早めに向かおう。

潟内ではコガモ、マガモの数が多く、このほか、ミコアイサ、タゲリも見られる。猛禽類ではオジロワシ、チュウヒ、オオタカ、ノスリ、ハヤブサなどが見られる。ガン、ハクチョウ類は、日中はビュー福島潟脇の田んぼでも見られることがある。鳥を驚かさないように駐車場から観察してみよう。

ここに暮らす鳥に会えます　湖や沼、池

①田んぼで餌を採るオオヒシクイとマガン

探鳥アドバイス

ベストシーズン	所要時間の目安
通年、秋～冬	約2時間

水の駅「ビュー福島潟」では、レンジャーが野鳥情報を毎週発信しているため、ホームページや館内で事前にチェックしよう。冬は風が強い日もあり、防寒対策をしっかりと。また、雁かけ橋の近くにはコテージ型の宿泊施設「菱風荘（りょうふうそう）」があり、部屋に居ながら鳥の声を聞くことができる。オオヒシクイやコハクチョウの飛びたちなど、早朝からの探鳥におすすめだ。

探鳥地ガイド｜中部／新潟県

このエリアで見られる時期
●＝夏　●＝冬　無印＝通年　●＝旅鳥

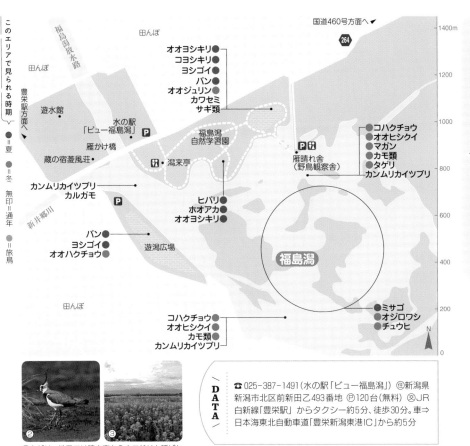

国道460号方面へ

田んぼ
福島潟放水路
田んぼ
豊栄駅方面へ
遊水館
水の駅「ビュー福島潟」
雁かけ橋
蔵の宿菱風荘
潟来亭
福島潟自然学習園

オオヨシキリ●
コヨシキリ●
ヨシゴイ●
バン●
オオジュリン●
カワセミ
サギ類

カンムリカイツブリ
カルガモ

新井郷川

ヒバリ●
ホオアカ●
オオヨシキリ●

バン●
ヨシゴイ●
オオハクチョウ●

遊潟広場

福島潟

雁晴れ舎（野鳥観察舎）

●コハクチョウ
●オオヒシクイ
●マガン
●カモ類
●タゲリ
●カンムリカイツブリ

田んぼ

コハクチョウ●
オオヒシクイ●
カモ類●
カンムリカイツブリ●

●ミサゴ
●オジロワシ
●チュウヒ

N

②タゲリ。地元では鳴き声からネコドリと呼ばれていた　③菜の花の頃、ヒバリのさえずりが響く

DATA
☎ 025-387-1491（水の駅「ビュー福島潟」）　⑪新潟県新潟市北区前新田乙493番地　Ⓟ120台（無料）　Ⓢ JR白新線「豊栄駅」からタクシー約5分、徒歩30分。車⇒日本海東北自動車道「豊栄新潟東港IC」から約5分

周辺情報　越後平野には、野鳥が集まる湖がいくつもあり、新潟市中央区にある鳥屋野潟、西区にある佐潟、阿賀野市の瓢湖にも足を延ばしてほしい。

市街地に残されたギフチョウ舞う、生命のゆりかご

足羽山公園

あすわやまこうえん

ここでみられる♪
イカル

◀福井市街地にぽっかりと浮かぶ足羽山

　足羽山は標高116.4m。福井市街地の中心に位置し、山全体が公園として整備され、ウォーキングやジョギング、博物館などの文化施設、寺社、動物園、茶屋などを目当てに多くの人が訪れる。また、古墳や史跡なども数多く残されており、歴史的にもよく知られた市民憩いの場だ。

　山には、シイやカシ、コナラなどの森林が広がり、早春にはカタクリの花が咲き乱れ、ギフチョウが舞う。野鳥についても、これまでに記録された鳥は110種を超え、豊かな自然環境が保全されている。

　自然史博物館前の三段広場から足羽山公園遊園地（動物園）までの舗装された尾根道をゆっくり歩いてみよう。一年を通してヤマガラやエナガ、シジュウカラ、ヒヨドリ、メジロ、コゲラ、イカルなどが見られる。春から初夏にかけては一層にぎやかになり、ヤブサメが道路の脇から現れ、キビタキの朗らかなさえずりが樹々の合間から聞こえる。木の枝先にはコサメビタキがとまり、上空をサンショウクイが鳴きながら飛び交う。

　秋から早春にかけては特に三段広場や動物園周辺が開けていて観察しやすい。木の上に群がるアトリやシメ、マヒワ、ツグミ、植え込みなどから出てくるルリビタキやシロハラ、アオジの観察が期待できる。サクラの花芽にウソが来ることもある。樹々の茂ったところではアカゲラやアオゲラなどのキツツキ類を探したい。

　春秋には、一年で最も多くの種類が見られ、コマドリやムギマキ、マミチャジナイなどが渡りの途中に立ち寄る。

　なお、福井市自然史博物館には足羽山の鳥の展示や冊子など豊富に情報を揃えているので気軽に立ち寄りたい。

ここに暮らす鳥に会えます　空　低い山や林　住宅地

探鳥アドバイス

ベストシーズン	所要時間の目安
通年（夏以外）	約2時間

おすすめは自然史博物館から足羽山公園遊園地（動物園）までのコース。往復で2時間弱。三段広場や招魂社、動物園周辺の開けた場所が観察しやすく、ゆっくり時間をとりたい。時間があれば動物園から先の弘法院大師堂や西墓地へ向かってもよい。サンコウチョウや上空を飛ぶ水鳥、猛禽類が見られるかも。園内に飲食店、自動販売機もある。冬は積雪に注意。

①イカル
②サンショウクイ
③サクラにつく虫を探すアトリ

このエリアで見られる時期

● ＝夏
● ＝冬
無印＝通年
● ＝旅鳥

福井競輪場

西墓地

ヤマガラ
コゲラ
ヒヨドリ
コマドリ
シロハラ
ルリビタキ
ジョウビタキ

イカル
メジロ
ヤブサメ

足羽山公園

弘法院大師堂

サンショウクイ
コサメビタキ
アカゲラ
ツグミ
マミチャジナイ

足羽山公園遊園地
（動物園）

アトリ
キビタキ
アオゲラ

カルチャーパーク

足羽神社

自然博物館

三段広場

招魂社

足羽川

足羽根山公園口駅

福井駅方面へ

1600m

1200

800

400

0

商工会議所前駅

シジュウカラ
カワラヒワ
ムシクイ類
ウソ

赤十字前駅

福井赤十字病院

福井鉄道福武線

N

探鳥地ガイド｜中部／福井県

④木の実を食べるマミチャジナイ

DATA
☎ 0776-35-2844（福井市自然史博物館）⊕福井県福井市足羽上町147 Ｐ10台（そのほか足羽山公園内に多数）Ⓧ JR福井駅西口から京福バス清水グリーンラインで6分、足羽山公園下バス停・不動山口バス停から徒歩10分。もしくは福井鉄道福武線で足羽山公園口駅・商工会議所前駅から徒歩15分

周辺情報　足羽山の東から北を流れる足羽川にも立ち寄りたい。足羽山とともに、「桜の名所100選」に指定され、川面には足羽山と異なる水鳥や草原性の鳥が見られる。福井鉄道足羽山公園口駅から徒歩約3分。

開拓の歴史と、酪農景観がおりなす野鳥の森

清里 清泉寮

きよさと せいせんりょう

清里高原にある清泉寮。ジャージー牛がのんびりと草を食む

開拓の歴史を持つ清里高原。約80年前、高冷地における理想的な農村コミュニティーを目指し、岩石だらけだった山林を開墾してジャージー牛がのびのびと暮らせる牧草地を作り、開村した。高原の森、牧場、観光地施設など自然と人とが折り合い、築いてきた風景の中に清泉寮はあり、「酪農景観」と呼ばれる。

清泉寮は森林・清らかな渓谷・草原を有し、それぞれの場所で暮らす多様な野鳥にも恵まれている。

夏場の渓谷にはオオルリ、森の中ではキビタキ、カッコウなどの声が響く。冬場はカシラダカ、アトリ、マヒワなどの冬鳥が渡ってくる。

周辺一帯が森に囲まれているが、さまざまな距離のトレイルが設置されており、ゆっくり歩きながら観察をすることができる。コガラ、シジュウカラ、ヒガラ、ゴジュウカラ、エナガ、コゲラ、アカゲラ、ホオジロ、ヒヨドリ、ハシブトガラスが通年生息。

冬場はカラ類の混群と一緒にキバシリ、キクイタダキが混じって移動している様子を見られることもある。また、ジョウビタキが営巣していて、通年観察することができる。夏場には巣立ちビナに出会えることがあるので探してみよう。

近隣には「山梨県立八ヶ岳自然ふれあいセンター」があり、『八ヶ岳の学びの入り口』として八ヶ岳の自然や文化を紹介する展示やプログラムが実施されている。センターでは長靴などの貸し出しや装備、自然歩道についての案内も行っているので、観察に出かける前に立ち寄ってみるとよい。

また年に数回、初心者向けのバードウォッチングも開催しており、常駐するレンジャー（自然解説員）が丁寧に解説・案内してくれる。

ここに暮らす鳥に会えます 空 低い山や林 高い山や崖 川、河原 住宅地

探鳥アドバイス

ベストシーズン	所要時間の目安
通年	約1時間

おすすめは『富士山とせせらぎの小径』コース。ほぼ平坦な道で、ゆっくり歩いて45分ほど。このコースは草原・森林・小川と3つのタイプの環境がぎゅっと詰まっている。森ではアカゲラやキビタキ（夏）、草原ではアカハラ（夏）やツグミ（冬）、小川ではミソサザイ（春〜初夏）に出会う。事前に「八ヶ岳自然ふれあいセンター」で野鳥情報やトレイル状況を確認しよう。高冷地ゆえ防寒対策をしっかりと。

①ジョウビタキ。通年見られる
②厳しい冬、小鳥たちはたくましく生きる
③アカゲラの巣穴を探して歩くのも楽しい

④山梨県立八ヶ岳自然
ふれあいセンター

このエリアで見られる時期

●＝夏　●＝冬　無印＝通年　●＝旅鳥

- シジュウカラ
- コガラ
- ゴジュウカラ
- エナガ
- コゲラ
- アカゲラ
- アオゲラ
- メジロ
- ヒヨドリ
- キジバト
- キビタキ●
- コサメビタキ●
- カッコウ●
- カシラダカ●
- アトリ●
- マヒワ●

- ジョウビタキ
- ホオジロ
- ハシブトガラス

大泉清里ライン

レノックス野外礼拝所●
清泉寮キャンプ場
●ハリスホール
ミソサザイ
清泉寮コテージ
●やまねミュージアム
富士山とせせらぎの小径
山梨県立八ヶ岳自然ふれあいセンター

- ジョウビタキ
- キジ
- ●アカハラ
- ●ツグミ
- ●ベニマシコ

清泉寮本館●
清泉寮ジャージーハット
清泉寮新館●
ポール・ラッシュ記念館
ポール・ラッシュ通り

▲清里駅へ

N

DATA

☎0551-48-2900（山梨県立八ヶ岳自然ふれあいセンター）⑭山梨県北杜市大泉町西井出石堂8240-1（清泉寮向かい）Ⓟ200台（P1駐車場）Ⓐ JR清里駅からタクシーで5分、中央自動車道長坂ICから車で20分。中部横断道八千穂高原ICから車で40分

周辺情報 ▷ 清泉寮と言えばソフトクリーム！「清泉寮ジャージーハット」へ足を運んでみては？ 軽食もとれ、お土産も買える。開拓の歴史をたどれる「ポール・ラッシュ記念館」、「清泉寮やまねミュージアム」へもどうぞ。

八ヶ岳山麓の歴史ある天然湖で野鳥を楽しむ

松原湖
まつばらこ

ここでみられる♪
イカル

▲松原湖は猪名湖、長湖、大月湖という3つの湖の総称だが、猪名湖を松原湖と呼ぶ人も多い

　八ヶ岳の裾野、東側に面している松原湖高原は、平安時代の山崩れによってできた湖沼群で、昔は12ほど湖沼があったようだが、現在では猪名湖・長湖・大月湖を3湖合わせて松原湖と呼ぶ。また、一番大きい猪名湖を松原湖と言う人も多い。

　冬の12月〜3月中旬までは全面結氷する。渡りのカモ類は秋11月に休息で寄る程度ではあるが、キンクロハジロ、ホシハジロ、オナガカモ、ミコアイサ、マガモなどが立ち寄る。運が良いと秋にカワセミも見られる。通年ではカルガモ、カイツブリ、オオバン、アオサギ、ダイサギ、カワウなどがいる。

　猪名湖の半分は遊歩道こそ整備されているが、ブナをはじめ、ナラ・赤松・ツガなど手つかずの森で、環境が保全されている。夏鳥のオオルリ、キビタキ、ヤブサメ、センダイムシク

イ、クロツグミなどが好んで生息、反対側の駐車場付近は楓・桜・ツツジなど過去に植えた樹木が多いせいか、メジロ、モズ、ハクセキレイ、ツバメ、ホオジロ等の小鳥が棲んでいる。アカゲラ、アオゲラ、シジュウカラ、ゴジュウカラ、エナガなどは全域で見ることができる。

　湖には、夏場になるとツバメ、イワツバメ、アマツバメ、ハリオアマツバメなどが水を飲みに飛んで来る。池中心にある弁天島からの撮影が適している。

　冬にはツグミ、カシラダカ、ミヤマホオジロ、アオジ、アトリなどが見られる。11月や4月などは、八ヶ岳の標高の高い場所から渡っていく途中のキバシリ、キクイタダキ、ミソサザイなど、タイミングがよいといることも。夜になると年間を通してフクロウの声をよく聞くことができる。

ここに暮らす鳥に会えます　空　低い山や林　湖や沼、池　住宅地　

探鳥アドバイス

ベストシーズン	所要時間の目安
通年	約2時間

松原湖畔は遊歩道が整備されているので歩きやすいが、鳥を追うあまり上を見ながら歩くと危ない。止まって観察しよう。トイレは各所にある。ベストシーズンは通年だが、特に夏鳥が訪れる春がおすすめ。秋の水鳥をメインに見るのであれば、長湖・大月湖がよい。小鳥は猪名湖一周で楽しめる。猪名湖湖畔には食堂やベンチ、トイレが充実しているので安心して散策できる。

①春に訪れるオオルリ

②松原湖畔で出会うコゲラ

③春に見られるヤブサメ

このエリアで見られる時間

●＝夏　●＝冬　無印＝通年　●＝旅鳥

松原湖

キビタキ ●
ヤブサメ ●
オオルリ ●
センダイムシクイ ●
ゴジュウカラ
アカゲラ
アオゲラ
シジュウカラ
コゲラ
カシラダカ ●
ヤマガラ
ミヤマホオジロ ●
イカル
フクロウ

カルガモ
マガモ ●
キンクロハジロ ●
ホシハジロ ●
オナガガモ ●
オシドリ ●

カルガモ
マガモ ●
キンクロハジロ ●
ホシハジロ ●
ミコアイサ ●
ツバメ ●
イワツバメ ●
アマツバメ ●
ハリオアマツバメ ●
ミサゴ
トビ
カワウ

松原湖駅・国道141号へ◀

ホオジロ
メジロ
スズメ
ヒヨドリ
エナガ
ツグミ ●
シジュウカラ
ゴジュウカラ
モズ
ハクセキレイ
キセキレイ
ヤマガラ
カワラヒワ
ジョウビタキ ●

カルガモ
カイツブリ
マガモ ●
キンクロハジロ ●
ホシハジロ ●
オオバン
オシドリ ●

猪名湖

・リゾートイン立花屋

松原湖観光協会
観光案内所

大月湖

大月川

長湖

N

◀国道299号へ

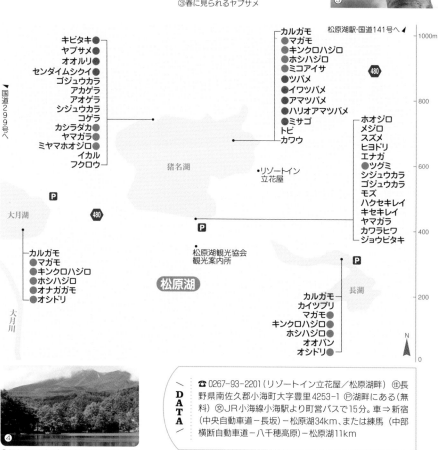

④都心からの便がいい松原湖はリゾート地としても人気

DATA

☎ 0267-93-2201（リゾートイン立花屋／松原湖畔）⊕長野県南佐久郡小海町大字豊里4253-1 Ⓟ湖畔にある（無料）㊇JR小海線小海駅より町営バスで15分。車⇒新宿（中央自動車道－長坂）－松原湖34km、または練馬（中部横断自動車道－八千穂高原）－松原湖11km

周辺情報 松原諏方神社の上社にも足を延ばしたい。武田信玄が戦勝祈願をしたと伝わり、上社は猪名湖の東南岸に鎮座し、深い森の中にある。また、八ヶ岳山麓みどり池ではウソを高確率で見られる。

「野鳥の宝庫」で楽しむ山の鳥と高山植物

戸隠森林植物園

とがくししんりんしょくぶつえん

コルリ

▲初夏。朝もやに包まれた「みどりが池」

　長野県北部、戸隠山のふもと、標高1200mの高原にある森林公園で、広さは約71ヘクタール。長野駅からバス・車で1時間ほどとアクセスもよい。「野鳥の宝庫」と呼ばれるほど観察種、個体数の多い、バードウォッチャー憧れの地だ。

　園内は遊歩道が縦横によく整備され、おおむね平坦で歩きやすい（一部はバリアフリー）。ミズナラなど落葉樹の明るい林、モミやスギなどの常緑樹の森、春に水芭蕉の咲く湿地、池や清流沿いの小径と、さまざまな環境を有し、また、高山植物の宝庫でもあるので、いろいろな花や実、美しい新緑や紅葉も四季折々に楽しみたい。

　おすすめは初夏と秋。葉の伸びきる前と、紅葉の落ち始めの頃だ。初夏には、コルリ、ノジコ、クロツグミ、キビタキなどが人気。

多くの鳥がやってきて繁殖するので夜明けから森はにぎやかだ。ニュウナイスズメ、サンショウクイなどが巣材をくわえて飛び回り、ケラ類は巣穴掘りに励んでいる。渓流や木道の下にはミソサザイやカワガラス、水芭蕉の花の間からはアカハラが顔をのぞかせる。樹上だけでなく、足元の鳥も見逃さないようにしたい。

　秋はツルマサキやマユミなどの実を食べに来るムギマキやキビタキ、ツグミ類が人気。爽やかな青空と赤い実に映える小鳥たちの姿はフォトジェニック。ツルマサキは近くの戸隠キャンプ場にも多く自生している。

　森や林の中は見通しのきかない箇所も多いので、双眼鏡でていねいに鳥を探してゆっくりと進もう。また、遊歩道はさほど幅がないため、ほかの散策者の通行の邪魔にならないようマナーを守り、周囲に配慮したい。

ここに暮らす鳥に会えます　☁空　🌲低い山や林　🌊湖や沼、池

探鳥アドバイス

ベストシーズン	所要時間の目安
初夏と秋	3〜4時間

日帰りも可能だが、できれば近くに宿をとって早朝探鳥からゆっくりと楽しみたい。まず、中央広場から入り、「森のまなびや」で最新の情報（鳥の状況、園路の工事通行止め、熊など）を確認したい。みどりが池を周り、入口広場へ。小川の小径から水芭蕉の小径へと木道を進み、随神門（ずいしんもん）に抜ける。参道を奥社入り口に向かって園内を大きく一周。門前の蕎麦屋や入口広場で休憩し、残りの遊歩道を探索しよう。

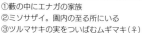

①藪の中にエナガの家族
②ミソサザイ。園内の至る所にいる
③ツルマサキの実をついばむムギマキ（♀）

このエリアで見られる時期

● ＝夏
● ＝冬
無印＝通年
● ＝旅鳥

④ノジコに会えるのは全国的に貴重
⑤水芭蕉の小径

☎ 026-254-2200（八十二森のまなびや〜ecology Bank82戸隠森林館）⊕長野県長野市戸隠3510-35 ㉹植物園は冬季休園（概ね11月末から4月中旬）。「森のまなびや」は開館9時30分〜16時30分 ㉺月曜 ㋺有料 ㋛JR長野駅からバス（アルピコ交通70ループ橋経由戸隠線）約1時間。「植物園前」あるいは「奥社入口」下車。車⇒上信越自動車道利用で信州中野ICから34km。長野ICから30km

DATA

周辺情報　奥社入口バス停付近の店舗で休憩、昼食がとれる。ツキノワグマの生息地なので熊鈴などの備えを忘れずに。鏡池や戸隠キャンプ場でも探鳥ができる。パワースポットで有名な戸隠神社五社巡りも楽しい。

131

タカの渡りを堪能できる絶好のポイント

金華山
きんかざん

金華山一帯は「特別鳥獣保護区」に指定されている

　古くは「稲葉山」と呼ばれ、標高329m の山頂には戦国時代、織田信長が一時居城していたという岐阜城が復元されている。現在、信長館の発掘作業が続けられている。江戸時代は一帯が尾張藩の天領として樹木の伐採が禁じられていたこともあり、原生林が残っている。現在は特別鳥獣保護区に指定され、ツブラジイ、アベマキ、コナラなどの木々が照葉樹林を形成している。

　5月上旬になるとツブラジイの黄色い花が一斉に咲き、金色に輝いて見えることから「金華山」と呼ばれるようになったという説がある。

　岐阜公園は周辺に駐車場があり、岐阜駅からのアクセスがよい。留鳥として、メジロ、ヤマガラ、エナガ、コゲラなどが見られるほか、冬にはジョウビタキ、ルリビタキ、シロハラ、アオジなどが加わる。春と秋には、渡り途中のコマドリ、センダイムシクイ、コサメビタキ、サンショウクイなどを観察できる。運が良いとオオタカやハヤブサなどの猛禽類が現れるかもしれない。

　時間がある人は山頂まで歩くことをおすすめする。いくつもの登山道が整備されているが、初心者向けは「七曲り登山道」で、金華山ドライブウェイ入口付近からなだらかな山道が続く。長良川や風景を楽しみたい人は、三重塔の前からだらだらと山道を進む「水手道（別名：めい想の小径）」がよい。いずれも1時間ほどで山頂に着く。「馬の背登山道」は上級者コースである。

　なお、麓からロープウェイに乗れば山頂まで3分で到着。山頂からは岐阜市街が一望できるほか、遠く伊吹山も望める。

ここに暮らす鳥に会えます　 低い山 や林　 空

探鳥アドバイス

ベストシーズン	所要時間の目安
1年中	約2時間

岐阜公園からロープウェイで山頂駅まで行き、岐阜城に向かって散策するコースが初心者にはおすすめ。帰りは徒歩で七曲り登山道を下って岐阜公園に出てもよい。また、金華山と峰続きの「上加納山展望台」は、都市近郊にあってタカの渡りが見られるポイントとして有名。9月から10月にかけてサシバ、ハチクマ、ノスリ、ツミ、ハイタカなどが通過する。数は少ないが、チゴハヤブサやアカハラダカも確認されている。

①原生林が多く残っているため、野鳥の種類が豊富。写真はルリビタキ
②留鳥のヤマガラ
③サシバなど猛禽類の渡りを見ることができる

④コゲラなどの小鳥類も多く見られる

探鳥地ガイド｜中部／岐阜県

このエリアで見られる時期

■＝夏　●＝冬　無印＝通年　●＝旅鳥

▲岐阜駅方面へ

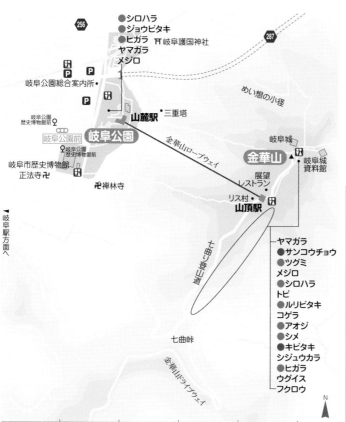

● シロハラ
● ジョウビタキ
● ヒガラ
ヤマガラ
メジロ

岐阜護国神社

岐阜公園総合案内所

P

岐阜公園歴史博物館前

岐阜公園前

岐阜公園

岐阜市歴史博物館

正法寺卍

卍禅林寺

めい想の小径

山麓駅　三重塔

金華山ロープウェイ

岐阜城

金華山　岐阜城資料館

展望レストラン

リス村・

山頂駅

七曲り登山道

七曲峠

金華山ドライブウェイ

ヤマガラ
● サンコウチョウ
● ツグミ
メジロ
● シロハラ
トビ
● ルリビタキ
コゲラ
● アオジ
● シメ
● キビタキ
シジュウカラ
● ヒガラ
ウグイス
フクロウ

0　200　400　600　800　1000m

N

\ DATA /

⊕岐阜県岐阜市金華山 ®岐阜公園堤外駐車場191台（最初の1時間は無料）。金華山山頂へ車で行くことはできない ⊗JR岐阜駅ターミナルよりバスで約15分、「岐阜公園歴史博物館前」下車。ロープウェイについては岐阜観光索道株式会社HP参照のこと

周辺情報　岐阜公園内には「岐阜市歴史博物館」があり、歴史好きの人に喜ばれている。金華山山頂の展望レストランではご当地B級グルメフェスティバルでグランプリを獲得した「信長どて丼」が食べられる。

133

愛知県 名古屋市

「水と緑と太陽」をテーマとした総合公園

庄内緑地
しょうないりょくち

シメ

▶水鳥の池。このほか園内には芝生広場、野鳥の森、多目的広場、ガマ池などがある

庄内川の小田井遊水池を利用し「水と緑と太陽」がテーマの総合公園。芝生広場を中心に、花木園、バラ園、野鳥の森などが広がり、テニスコート、サイクリングロード、スケートパークなどの施設がある。緑地の南を流れる庄内川は、藤前干潟までつながっている。地下鉄鶴舞線庄内緑地駅から近く、訪れる人も多い。

園内には野鳥の森や水鳥池などがあり、野鳥が多く集まる。なかでも冬は花木園のピラカンサの実を求めてシジュウカラ、メジロ、カワラヒワ、ヒヨドリ、ツグミ、シロハラ、ジョウビタキなどの野鳥が訪れるので、多くの鳥を観察することができる。水鳥池ではカワセミやバンが、となりのボート池ではマガモやカルガモが羽を休めている。

園内を歩くと木々を移動しているコゲラやシジュウカラに出会えるだろう。

庄内緑地は春と秋の渡りの時期に多くの渡り鳥が訪れる。花見が終わると、オオルリやキビタキ、センダイムシクイなどが小鳥の森や花木園にやってくる。滞在時間が短いが、春は次々と入れ替わり入ってくる。花木園ではクロツグミの声が聞こえ、地面に降りている姿を見ることがある。コマドリやコルリも期待できる。この時期は鳥たちのさえずりを聞きながら歩くのも楽しい。

9月からは秋の渡りが始まり、コサメビタキやエゾビタキ、ムシクイ類が訪れる。花木園から水鳥池を通って野鳥の森に向かって歩くと出会えるだろう。花木園ではツツドリが桜の木につく毛虫を食べに来ることがあるが、いつ現れるかわからないので根気よく待つことだ。秋の渡りの終盤にはノゴマが現れることもあり、最後まで目が離せない。

ここに暮らす鳥に会えます　空　低い山や林　湖や沼、池　住宅地

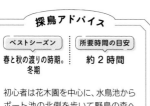

探鳥アドバイス

ベストシーズン	所要時間の目安
春と秋の渡りの時期。冬期	約2時間

初心者は花木園を中心に、水鳥池から
ボート池の北側を歩いて野鳥の森へ
行き、戻りながらガマ池から松林を通
り、花木園に戻ってくるコースがおす
すめ。週末はバーベキューを楽しむ
人たちでにぎわい、冬はランニングイ
ベントなどが週末に開催される。春
は、庄内緑地と庄内川の間の草地にキ
ジ、ホオジロ、セッカを見ることがで
きる。園内に店はないので軽食などを
持っていくことをおすすめする。

①ピラカンサの下で水浴びに来たシメ
②水鳥池でタンポポを食べるバン
③桜の花びらが舞う芝生に降りたクロツグミ

このエリアで見られる時期

●＝夏　●＝冬　無印＝通年　●＝旅鳥

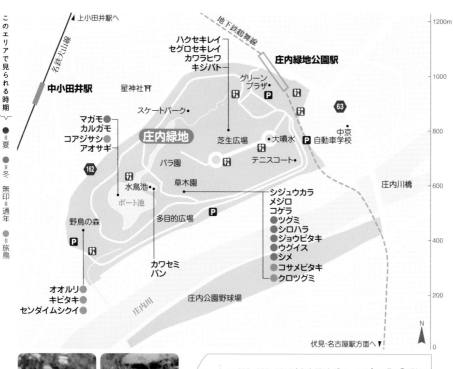

上小田井駅へ

名鉄犬山線

地下鉄鶴舞線

庄内緑地公園駅

中小田井駅

星神社

スケートパーク

庄内緑地

ハクセキレイ
セグロセキレイ
カワラヒワ
キジバト

グリーン
プラザ

芝生広場

大噴水

中京
自動車学校

マガモ●
カルガモ
コアジサシ●
アオサギ●

バラ園

テニスコート

水鳥池

草木園

ボート池

多目的広場

シジュウカラ
メジロ
コゲラ
●ツグミ
●シロハラ
●ジョウビタキ
●ウグイス
●シメ
■コサメビタキ
●クロツグミ

野鳥の森

カワセミ
バン

オオルリ●
キビタキ●
センダイムシクイ●

庄内川

庄内公園野球場

庄内川橋

伏見・名古屋駅方面へ

N

④ツグミ
⑤カワラヒワ

DATA ☎052-503-1010（庄内緑地グリーンプラザ）⑭愛知
県名古屋市西区山田町大字上小田井字敷地3527 ㊡月
曜、第3水曜（祝日の場合は直後の平日）Ⓟ643台（有
料）㊟地下鉄鶴舞線「庄内緑地公園」駅2番出口、徒
歩1分

周辺情報 夏は堰にササゴイが見られ、秋にはノビタキがやってくる。冬にはベニマシコが見られ、西側の赤白鉄
塔にハヤブサがとまっていることもある。

探鳥地ガイド｜中部／愛知県

135

市街地に隣接する森で里山の鳥たちを楽しむ

豊田市自然観察の森

とよたししぜんかんさつのもり

ここでみられる♪

モズ

▶ネイチャーセンター。自然観察の森の中心施設。まずはここで情報を聞こう!

　自然観察の森は、市街地に隣接しながら、環境省の重要里地里山に選定されている。コナラ、アベマキなどの落葉広葉樹と常緑広葉樹のツブラジイやアラカシが生育する緑豊かな里山環境。休耕田などの湿地やため池もある。名古屋市内からおよそ1時間で名鉄電車豊田市駅に着く。駅から4kmほどで常駐職員のいるネイチャーセンターがあり、ここで情報が聞ける。観察路が整備されているので地図や案内看板を頼りに観察を楽しもう。

　春4月には、夏鳥のヤブサメ、キビタキ、センダイムシクイ、サンショウクイが飛来し、留鳥のシジュウカラ、エナガ、メジロ、コゲラ、アオゲラなどが見られる。サンコウチョウやオオルリがシダの谷で見られることもある。9月にはネイチャーセンター周辺のエゴノキの実を食べにヤマガラがやってくる。

　上池では、カイツブリが繁殖し、秋から冬にはマガモ、カルガモ、オシドリなどが飛来する。マガモの求愛ダンスは見ていて飽きない。カワセミ、ダイサギ、アオサギやカワウが見られることもある。観察用ブラインドがあるので鳥を脅さず、じっくり見られる。冬季、森ではシロハラ、アオジ、ルリビタキをはじめ、クロジ、トラツグミなどが観察できることもある。

　ネイチャーセンターには展示や図書コーナーなどがあり、また、さまざまな生き物の観察会や自然体験活動が行われている。

　盗掘防止のため日ごろは柵がしてあるが、自然観察の森の周辺地域にはシラタマホシクサなどの固有植物が生える矢並湿地があり、上高湿地、恩真寺湿地とともに「東海丘陵湧水湿地群」の名称でラムサール条約湿地となっている。

ここに暮らす鳥に会えます　 低い山や林　湖や沼、池

探鳥アドバイス

ベストシーズン	所要時間の目安
通年。特に春	約2時間

おすすめは、トンボの湿地ルート。全長約2.3km。林では春はキビタキがよく鳴き、じっくり探せば姿も見える。展望台に上ると豊田市市街地が一望できる。下っていくと平地となり、冬季はアオジなどが見られる。トンボの湿地ではジョウビタキやルリビタキを探してみよう。もう少し足を延ばして上池に行くとマガモやカルガモに出会える。ネイチャーセンターに売店はないが自販機あり。近くのコンビニまで徒歩5分。

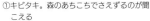

①キビタキ。森のあちこちでさえずるのが聞こえる
②ヤマガラ。巣箱を利用したり、エゴノキの実をついばんだりしている
③ルリビタキ。冬季、トンボの湿地やヨシの湿地周辺で見られる
（写真提供：(公財)日本野鳥の会）

探鳥地ガイド｜中部／愛知県

このエリアで見られる時期
●＝夏
●＝冬
無印＝通年　●＝旅鳥

マガモ
カルガモ
観察デッキ
外環状線
上池
カワウ
カイツブリ
鞍ヶ池
鞍ヶ池スマートIC
2400m
2000
カワセミの小屋
トンボの湿地
ルリビタキ
ジョウビタキ
1600
キツツキ類
メジロ
ツグミ類
ヤマガラ
キビタキ
展望台
標本資料館
ネイチャーセンター
P
アオゲラ
モズ
メジロ
ミソサザイ
サンコウチョウ
オオルリ
寺部池
豊田市自然観察の森
ラムサール条約湿地
矢並湿地休憩所（非公開）
P
1200
800
東山町4丁目
豊田市駅へ
寺部池観察デッキ
大石の洞
マガモ
カルガモ
鏡田池
古瀬間ダム
サンショウクイ
ツグミ類
モズ
メジロ
400
東海環状自動車道
N
0

④マガモ。上池で見られる
（写真提供：(公財)日本野鳥の会）

DATA
☎0565-88-1310（豊田市自然観察の森）　⊕愛知県豊田市東山町4-1206-1　⊕4〜9月は9時〜17時30分、10〜3月は9時〜16時30分　⊛無料　⊛毎週月曜（祝日の場合は開館）。年末年始（12/28〜1/4）　Ⓟ47台（無料）　⊗名鉄豊田市駅からおいでんバス（豊田・渋谷線市木・双美団地行き20分）自然観察の森下車、あるいは東山地区行き東山町5丁目（ネイチャーセンターまで徒歩10分）下車。本数は多くないので注意。車⇒東海環状自動車道豊田勘八ICから約10分

周辺情報　名鉄豊田市駅との間には矢作川が流れており、豊田スタジアムから河川敷に出られ探鳥ができる。また、周辺の休耕田ではケリやセッカ、ヒバリが見られる。冬季はまれにタゲリが見られることもある。

名古屋港に広がる渡り鳥たちの楽園

藤前干潟
ふじまえひがた

ここでみられる♪
コチドリ

初冬の藤前干潟。多くのカモやシギ・チドリたちが飛来する

　藤前干潟は名古屋市南西部、庄内川・新川・日光川の河口に広がる770ヘクタールの干潟で、そのうち323ヘクタールがラムサール条約登録の湿地となっている。日本でも有数の渡り鳥の飛来地で、2002年にラムサール条約に登録、2004年からはシギ・チドリ類の重要な生息地を保全する「東アジア・オーストラリア地域フライウェイ・パートナーシップ」にも参加している。

　庄内川河口の稲永公園側と、藤前干潟を正面に望む藤前地区側の2カ所から、干潟を観察することができる。稲永公園側の堤防沿いからは、干潟に飛来する鳥たちを近くで見ることも可能だ。

　園内にある名古屋市野鳥観察館には望遠鏡が完備され、ガイドスタッフも常駐しているので、手ぶらで訪れても観察を楽しめる。春と秋の渡りの時期にはオオルリやキビタキ、ムシクイ類など樹林性の渡り鳥に出会うことも。また、隣接する稲永ビジターセンターでは、ラムサール条約のことや水辺の環境問題について学ぶことができる。

　藤前地区側からはダイビングしてハンティングするミサゴや夏のコアジサシ、早春のハマシギ群飛など飛ぶ鳥の姿を観察する人や、干潟に集まるシギ・チドリ類の群れを狙って訪れる人が多い。

　同所には同じく環境省の藤前干潟活動センターがあり、干潟に住む魚やカニなどを展示・紹介している。

　センターでは干潟の生きものや渡り鳥を観察する観察会も開催している。事前申し込みになるが、渡り鳥や鳥たちが食べているものを知りたくなったらぜひ参加してほしい。

ここに暮らす鳥に会えます　干潟

探鳥アドバイス

ベストシーズン	所要時間の目安
通年、特に9月頃から翌5月頃まで	終日（稲永公園地区のみなら2時間前後）

干潟での観察は大潮の最大干潮の2～3時間前がベスト。潮が引き始め干潟の一部が出始めたところにシギやチドリなど鳥たちが集まってくるので、そのタイミングを狙うのがおすすめ。特に稲永公園の一番北にある稲永スポーツセンターの西側の庄内川左岸堤防からが観察しやすい。藤前地区も観察のタイミングは稲永公園と同様だが、ミサゴなどは潮が満ちはじめても観察できるので、干潟の引き具合に合わせて午前中に稲永公園、昼頃から藤前地区へ移動するのもいい。

①藤前干潟名物のハマシギの群飛。
　多い年には数千羽の群れで飛ぶ様子が見える
②藤前干潟で人気の高いミサゴ。
　冬季には最大50羽近く飛来する
③世界的に数が少ないズグロカモメ。冬季には30羽近い個体が飛来し、カニを捕獲する

このエリアで見られる時期

●＝夏　●＝冬　無印＝通年　●＝旅鳥

探鳥地ガイド ── 中部／愛知県

名古屋駅方面へ▶

日光川公園　23　宝神中央公園　稲永

●シギ
●チドリ

藤前公園　ハヤブサ　西稲永

日光川　●カモ　稲永公園　稲永東公園

名四国道　藤前干潟活動・センター　ミサゴ・　●カモ　●シギ●チドリ　稲永駅へ

日光川大橋　●カモ　藤前干潟　●カモ

●シギ●チドリ　サッカー場　名古屋市野鳥観察館　野跡駅　名古屋臨海高速鉄道あおなみ線

稲永ビジターセンター

カワウ

N

金城ふ頭駅へ▼

④干潟でゴカイを捕食するダイゼン　⑤稲永公園内にある名古屋市野鳥観察館。望遠鏡完備で手軽にバードウォッチングができる

DATA
☎ 052-389-2877（環境省 名古屋自然保護官事務所）
☎ 080-5157-2002（NPO法人藤前干潟を守る会）
㊑愛知県名古屋市港区～海部郡飛島村
☎ 052-381-0160（名古屋市野鳥観察館）㊋無料 ㊡月曜（祝日の場合は翌日）、第3水曜（祝日の場合は第4水曜）㊍あおなみ線名古屋駅から約21分、野跡駅下車、徒歩10分

周辺情報　稲永公園内はスポーツセンター内に喫茶店があるのみで売店はない。飲食物は最寄り駅あおなみ線「野跡駅」近くのコンビニを利用するとよい。藤前地区も飲食店などはない。最寄りの名古屋市バス「日光川公園」付近にも店はない。

湖面に浮かぶガン・カモ類と冬の猛禽類を楽しむ

琵琶湖湖北町
びわここほくちょう

コハクチョウ：遠くシベリアから毎年、コハクチョウが渡ってくる

　日本最大の湖、琵琶湖。世界的に貴重な古代湖で固有の水生植物が生息し、水鳥も多数飛来するため、1993年に琵琶湖一帯がラムサール条約の登録湿地となった。特に北東部に位置する湖北地域は遠浅で、小さな島が点在、水生植物や魚も多いことから、冬に多数飛来するコハクチョウ、天然記念物のオオヒシクイがよく休息し、国内飛来地の南限になっている。

　湖面にはハジロカイツブリ、カワアイサ、ウミアイサ、ホオジロガモ、沖の方ではトモエガモが群れになって休息していることがある。湖北町にはそれらを安全に観察するための施設「湖北野鳥センター」、琵琶湖の自然を紹介する「琵琶湖水鳥・湿地センター」があり、リアルタイムで職員から野鳥出現情報が得られる。また、ホワイトボードにも野鳥出現情報が書いてある。

　湖北町で冬鳥を一番楽しむことができるのは11月下旬から年が明けた3月くらいまでだろう。期待したい鳥は、毎年飛来するオオワシだ。野鳥センターから東の方角を見ると山本山がある。そこにオオワシが毎年、訪れる。日によって止まっている位置が異なるが、前述した野鳥センターでオオワシがとまっている位置を親切に教えてくれるので安心だ。

　山本山へ向かう道中の左右には田畑が広がっている。畦と畦の間にタシギが隠れ、タゲリやケリが餌を探して走り回り、タヒバリが飛んでいることもある。時々、電柱にノスリやハヤブサが止まって獲物を狙っている。また、湖岸道路から湖面を見るとヨシ原が広がり、オオジュリンがヨシの皮をぱちぱちと剥きながら採餌し、V字飛行でチュウヒが飛翔していることもある。

ここに暮らす鳥に会えます　 湖や沼、池　草原　空　

探鳥アドバイス

ベストシーズン	所要時間の目安
通年	約3時間

湖北野鳥センターに行き、まず職員から出現鳥のリアルタイムな情報を得よう。あらかじめどんな鳥を見たいか、カモ類なのか、猛禽類か、野鳥全般かを準備していったほうがよい。オオワシが目的なら山本山へ歩き始めよう。その際は、周辺の田畑や電柱、電線に目を向けて歩くこと。ハヤブサやノスリ、運が良ければ低空をコチョウゲンボウが飛翔している。冬鳥を観察したい場合は、積雪のある探鳥地のため防寒着はしっかりと。

①ハジロカイツブリ。虹彩の真っ赤なカイツブリの仲間、群れでの採餌行動が魅力
②タゲリ。山本山へ行く道路際の田畑でミャーミャーと鳴きながら群れている
③オオワシ。湖北の冬を楽しませてくれる冬の使者

④ホオジロガモ。おむすび型の頭の形で頬に白いワンポイントがあり、見つけやすい

探鳥地ガイド 近畿／滋賀県

このエリアで見られる時期

●＝夏　●＝冬　無印＝通年　●＝旅鳥

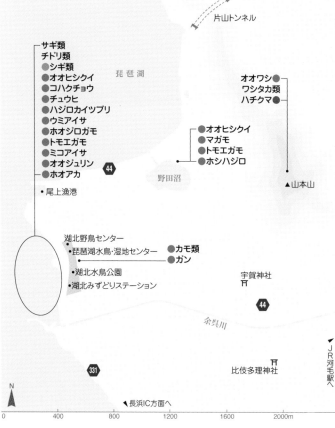

▼木之本IC方面へ

片山トンネル

琵琶湖

サギ類
チドリ類
●シギ類
●オオヒシクイ
●コハクチョウ
●チュウヒ
●ハジロカイツブリ
●ウミアイサ
●ホオジロガモ
●トモエガモ
●ミコアイサ
●オオジュリン
●ホオアカ

44

・尾上漁港

野田沼

●オオヒシクイ
●マガモ
●トモエガモ
●ホシハジロ

オオワシ
ワシタカ類
ハチクマ

▲山本山

湖北野鳥センター
・琵琶湖水鳥・湿地センター
・湖北水鳥公園
・湖北みずどりステーション

●カモ類
●ガン

宇賀神社 ⛩

44

余呉川

比伎多理神社 ⛩

▼JR河毛駅へ

331

N

0　400　800　1200　1600　2000m

▼長浜IC方面へ

DATA

☎0749-79-1289（湖北野鳥センター）　⊕滋賀県長浜市湖北町今西　🕘9時～16時30分　(P)48台(無料)　(料)200円　(休)火曜・祝日(祝日の場合は翌日)、年末年始　(交)JR北陸本線河毛駅からレンタサイクルで1時間、タクシーで15分。車↓北陸自動車道長浜ICから約20分、木之本ICから約15分

四季折々の植物とともに野鳥を楽しむ

京都府立植物園

きょうとふりつしょくぶつえん

ここでみられる♪
ヒヨドリ

▲園内中心部にある「大芝生地」。建物は「森のカフェ」

写真提供：京都府立植物園

開園100年の歴史を誇る京都府立植物園。平日は遠足の子どもたち、休日には家族連れも多く、府民の憩いの場として親しまれている。野鳥たちにとっては京都市内における貴重な生息地であり、旅鳥たちが羽を休めに訪れる大切な場所でもある。

おすすめは、園の北半分を回るコース。北山門から入って右の、針葉樹林エリアでは、夏はオオルリ、冬はイカルのさえずりが耳を癒やしてくれる。その近くの植物生態園では、秋に大忙しでドングリを集めるヤマガラや、シジュウカラが見られる。

植物生態園を南の端まで進むと小川があり、渡りの時期には広葉樹の茂みにムシクイ類を見つけることができる。はなしょうぶ園では、ヌマスギの気根の周りにハクセキレイがいることも。そこから大芝生地に目を移すと、冬はツグミがヒョコヒョコと歩いている姿が目に入り、愛おしい。

植物生態園から梅林の方へ進むと、冬はジョウビタキ、ルリビタキが人間とのかくれんぼを楽しむように針葉樹林との間を行き来している。なからぎの森の池にはマガモ、カルガモが浮かび、冬はヒドリガモやオナガガモを観察できる。

半木神社の西側の池にはカワセミが朝夕の採餌にやってくる。紅葉にまぎれたカワセミの色はコントラストが美しく、見ていて飽きない。

冬は、つばき園にも足を延ばそう。真っ赤な花のそばにクチバシいっぱいに花粉をつけたメジロに会えるだろう。

なお、入口でもらえる『なからぎ通信』にはその時季見頃の植物の情報が載っている。草花好きの人は手に取って園内を巡るといいだろう。

ここに暮らす鳥に会えます 低い山や林 湖や沼、池 住宅地 ▦ ビル街

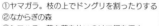

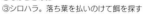

探鳥アドバイス

ベストシーズン	所要時間の目安
春、秋・冬	約2時間

園内は広く、全部を回るには4～5時間必要。真剣に見たら1日かかるので、あらかじめ観察ポイントを決めて回ったほうがよい。食事は園内の「北山カフェ」、軽食なら「森のカフェ」でできる。自販機は北山門、森のカフェ、植物園会館の3カ所のみ。トイレは7カ所ある。

①ヤマガラ。枝の上でドングリを割ったりする
②なからぎの森
③シロハラ。落ち葉を払いのけて餌を探す

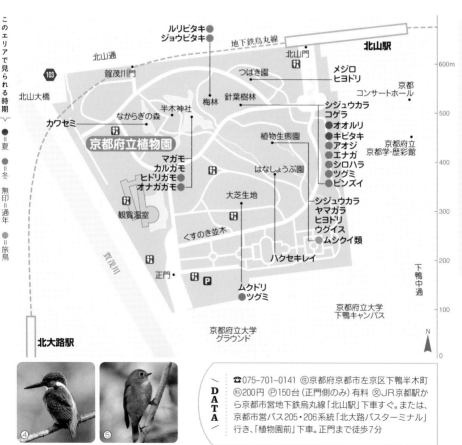

このエリアで見られる時期

●＝夏　●＝冬　無印＝通年　●＝旅鳥

ルリビタキ●
ジョウビタキ●
地下鉄烏丸線
北山門
北山駅
北山通
賀茂川門
つばき園
メジロ
ヒヨドリ
京都
コンサートホール
北山大橋
103
梅林
針葉樹林
半木神社
なからぎの森
カワセミ
京都府立植物園
植物生態園
シジュウカラ
コゲラ
オオルリ●
キビタキ●
アオジ●
エナガ●
シロハラ●
ツグミ●
ビンズイ●
京都府立
京都学・歴彩館
マガモ
カルガモ
ヒドリガモ●
オナガガモ●
はなしょうぶ園
シジュウカラ
ヤマガラ
ヒヨドリ
ウグイス
ムシクイ類
大芝生地
観覧温室
くすのき並木
ハクセキレイ
正門
P
ムクドリ
ツグミ●
京都府立大学
下鴨キャンパス
下鴨中通
賀茂川
北大路駅
京都府立大学
グラウンド
N

600m

500

400

300

200

100

0

探鳥地ガイド

近畿／京都府

④みんな大好きカワセミ

⑤ルリビタキ♀。目がくりくりして可愛い

DATA
☎075-701-0141　⊕京都府京都市左京区下鴨半木町　⊕200円　Ｐ150台（正門側のみ）有料　⊗JR京都駅から京都市営地下鉄烏丸線「北山駅」下車すぐ。または、京都市営バス205・206系統「北大路バスターミナル」行き、「植物園前」下車。正門まで徒歩7分

周辺情報	時間に余裕があれば賀茂川（北山大橋～北大路橋）を歩きながらの探鳥がおすすめ。サギ類やカワセミ、冬はカモ類に会える。

143

ここでみられる♪
ユリカモメ

大阪府 大阪市

大都会で季節の野鳥を楽しむ

大阪城公園

おおさかじょうこうえん

◀大都市の中心にあるので、出張や旅行の合間の朝の探鳥にも最適

大阪城公園は四季を通して多くの野鳥を観察することができる。探鳥コースはJR大阪環状線森ノ宮駅を下車し公園内に入っていくと、観察ポイントとして市民の森、東外堀、青屋門をくぐって梅林、豊国神社裏、桜広場、野外音楽堂と6カ所ぐらいある。

春秋は主に前述したポイントで渡り鳥の中継地として賑わう。市民の森の地上ではアカハラ、マミチャジナイ、植え込みの中ではコマドリ、ノゴマ、樹上ではキビタキ、オオルリ、サンコウチョウ、センダイムシクイ、エゾムシクイ、梅林では地上にアカハラ、クロツグミ、桜広場ではサクラに付く毛虫などを狙ってホトトギス、ツツドリ、野外音楽堂の植え込み中ではコルリ、ヤブサメが採餌している。4月下旬には、運が良ければエナガの巣立ちヒナの団子が見られることもある。

冬はまず、お堀巡りから始めるとよい。東外堀ではヒドリガモ、ハシビロガモ、キンクロハジロ、ユリカモメが飛来し、時々、カワセミがお堀の淵に止まっていることもある。

北外堀にはホシハジロ、キンクロハジロの大きな群れが見られ、内堀にはヨシガモ、オカヨシガモが見られる。お堀によってカモの飛来する種類に違いがあるのも魅力だ。また、お堀沿いのメタセコイヤの梢や天守閣上空からオオタカがお堀のカモ類を狙っていることもあり、注意が必要だ。お堀巡りをしたら豊国神社裏付近の林の薄暗い所でトラツグミやシロハラ、上空ではアトリやシメの群れが見られるかもしれない。城壁にジョウビタキが止まっていることもあるだろう。

大阪城は野鳥の宝庫。春秋の渡りシーズンと越冬期にバードウォッチングすることをお勧めする。

ここに暮らす鳥に会えます ➤ 低い山や林 空  ビル街 湖や沼、池

探鳥アドバイス

ベストシーズン	所要時間の目安
通年	約3時間

大阪城公園の噴水広場を正面にして右手を歩くと市民の森があり、春の渡りのポイントになる。左手は東外堀で冬はヒドリガモ、ハシビロガモ、ユリカモメが見られる。お堀沿いから青屋門に入ると梅林に出る。春の渡りはアカハラ、クロツグミを探そう。梅林の前は内堀で、冬はヨシガモが休息している。内堀前の登り坂を上がると豊国神社があり、裏手周辺は、春はオオルリ、キビタキ、冬はトラツグミ、シロハラ、ジョウビタキとの出会いがある。

①毎年4月下旬頃、エナガの巣立ちが見られ、ヒナが団子のように並んでいる
②オオルリ。春秋の渡りに必ず桜広場、市民の森で、目線の高さで見られる

探鳥地ガイド——**近畿／大阪府**

このエリアで見られる時期

● ＝夏　　● ＝冬　無印＝通年　● ＝旅鳥

キビタキ● オオルリ● サンコウチョウ● コマドリ● ノゴマ● コルリ● ツグミ● シロハラ● ジョウビタキ●

カワウ● ササゴイ● コアジサシ● カモメ● カモ類●

アオサギ● コアジサシ● ユリカモメ● セグロカモメ●

おもいでの森　北外濠

少年野球場

大阪ビジネスパーク駅

地下鉄長堀鶴見緑地線

水上バス

飛騨の森

京橋口　内濠

青屋門

大阪城ホール

大阪城野球場

JR大阪環状線

大阪城公園駅

カモ類● セキレイ類●

大手前

豊松庵

迎賓館

大阪城天守閣

西の丸庭園

コマドリ● ヤブサメ● コルリ●

刻印石広場

梅林

太陽の広場

弓道場

記念樹の森

アカハラ カワラヒワ フクロウ ●アオバズク ●アトリ ●ツグミ ●シロハラ ムシクイ類 ●ヒタキ科 ●サンショウクイ ●ジュウイチ ●ホトトギス ●クロツグミ ●マミジロ ●コマドリ ●コルリ ●マミチャジナイ

カワセミ● サギ類●

天満橋駅へ

西外濠

大手前芝生広場

多聞櫓

東外濠

桜広場

玉造口

市民の森

サンコウチョウ● シロハラ● ツグミ● ジョウビタキ●

大手門

修道館

豊国神社

南外濠

教育塔

におの森

大阪城音楽堂

ヒタキ科● コマドリ● コルリ●

馬場町

バン● オオバン●

谷町四丁目駅へ

森之宮入口

阪神高速13号東大阪線

森之宮出口　地下鉄森ノ宮駅　森ノ宮駅

1200m　1000　800　600　400　200　0

③サンコウチョウ。春の連休前後に大阪城を通過していく、尾羽の長い憧れの鳥　④ヨシガモ。冬のカモでは、お堀の代表と思えるぐらい美しいカモ

☎06-6755-4146（大阪城パークセンター）　⑪大阪府　大阪市中央区大阪城　㉕園内自由　㉔無料　㉖無休（以上、一部施設を除く）　Ⓟ271台（有料）　⊕JR森ノ宮駅または大阪城駅下車すぐ。車⇒阪神高速13号東大阪線森之宮出口からすぐ

周辺情報　大阪城公園内では野鳥に餌付けをして写真を撮っている人がいるが、これはマナー違反。

145

季節を問わずいろいろな野鳥との出会いに期待！

万博記念公園

ばんぱくきねんこうえん

ここでみられる♪
シメ

今も昔もシンボルの「太陽の塔」。50年を経て周辺の自然は推移している

写真提供：万博記念公園マネジメント・パートナーズ

　万博記念公園は1970年に大阪府吹田市で開催された日本万国博覧会開催地。大阪万博閉幕後に植えられた木々が成長し、歳月を経て和洋いろいろな木々の深い森に変化した。

　万博記念公園で初めてバードウォッチングするなら冬から初春がおすすめだ。木々が落葉し、鳥影が見つけやすいのと、アキニレなどの種子が落ちているポイントが多く、そこにシメやアトリ、イカルが集まっていることが多いからだ。

　自然文化園中央入口から入ると正面に太陽の塔があり、芝生地がある。初春は、ハクセキレイ、ムクドリ、ツグミが地上にいる虫をついばむ姿を見ることができる。過去に一度、ヤツガシラが目撃され、野鳥ファンの間で話題になった。

　太陽の塔を正面に見て左の道に進むと梅林、自然観察学習館へ。梅林ではメジロが花の蜜を求めて飛び交い、冬はジョウビタキがひょっこり姿を現してくれる。学習館へ向かう途中、公園全体を見渡せる高台（ソラード）から芝生地を見るとアキニレのある木々の下でカワラヒワ、イカル、アトリ、シメなどの集団が採餌し、梢にアオバトが止まっていることもある。自然観察学習館周辺の林では落ち葉をかき分けながら餌を探すシロハラやトラツグミの姿が見られる。さらに道なりに進むとビオトープ池、水鳥の池、日本庭園に続く道がある。ビオトープ池や日本庭園ではカワセミとの出会いが期待できる。水鳥の池では、暗がりでオシドリやマガモが休息し、周辺の植え込みにはルリビタキやクロジが採餌していることも。また、大地の池ではオオバン、バン、カルガモ、アオサギ、キンクロハジロ、カイツブリが見られるだろう。

ここに暮らす鳥に会えます　 低い山や林　住宅地　 草原　 空

探鳥アドバイス

ベストシーズン	所要時間の目安
通年	約3時間

万博記念公園は池と芝生地が多い。カワセミを見たい人は杭の上、大きな石の上、池の淵に目を向けよう。冬の芝生地にはツグミ、アトリ、シメ、イカルが集団で集まってアキニレなどの木の実を採餌していることがある。また、この公園は桜の並木も有名で、スズメの盗蜜シーンを探すのも楽しみの一つだ。

①イカル。黄色いクチバシが目立ち、口笛のような声でさえずる
②スズメ。春は桜の花を盗蜜しているシーンが見られる
③ジョウビタキ。石の上、杭の上にとまっていることもある

このエリアで見られる時期

●＝夏　●＝冬　無印＝通年　●＝旅鳥

④カワセミ。公園内のどこかの池で出会いが期待できる　⑤ヤツガシラ。過去に一度、太陽の塔の芝生地に舞い降りた

DATA

☎06-6877-7387（万博記念公園コールセンター）　㊟大阪府吹田市千里万博公園　㊐9時30分〜17時（入園は16時30分まで）※詳しくはホームページ参照　㊎260円　㊡年末年始、水曜（祝日の場合は翌日）。但し、4〜5月GW、10〜11月は無休　㋹4300台（有料）　㊛大阪モノレール線万博記念公園駅より徒歩5分。中国自動車道、名神高速の吹田ICより約5分

周辺情報　春は、南国で越冬した夏鳥、オオルリやムシクイ類などが公園の林で休んでいる。また、ここ数年は夏鳥であるキビタキの繁殖が確認されている。

147

散歩感覚でバードウォッチングができる都市公園

大泉緑地
おおいずみりょくち

ここでみられる♪
モズ

◀ 大泉緑地では山野の鳥と水辺の鳥の両方の観察が楽しめる

　大阪府では大阪市に次ぐ80万人を超える人口を有し、政令都市に指定されている堺市には大阪四大緑地（久宝寺緑地、服部緑地、鶴見緑地）の1つに数えられる、都市公園の大泉緑地がある。123ヘクタールという広大な敷地に約200種32万本の樹木が繁る緑豊かな公園で、園内は3つの池、流水、丘陵地帯、落葉広葉樹林帯と変化に富んでいる。

　春秋の渡りは夏鳥の中継地、冬はカモ類、ユリカモメ、冬鳥の越冬地として知られ、年間70種以上の野鳥が記録されている。

　探鳥は、公園中央の大泉池を大きく一周するルートを辿ることをおすすめしたい。

　春から初夏にかけては留鳥を含めて平均30種ほどの野鳥が観察できる。春の渡りの時期には、植え込みに近い場所ではヤブサメ、ノゴマ、木々で囀りながらセンダイムシクイが、地上で落ち葉を掻きわけながらミミズを探すクロツグミ、アカハラが通過する。秋から冬にかけては留鳥と冬鳥を含めると平均40種ほどの野鳥が観察できる。特に秋は、梢の先端をよく観察するとエゾビタキ、コサメビタキが、サクラの木々には毛虫などを狙ったオオルリやキビタキが見られる。

　11月から3月にかけてはアトリやシメの群れ、地上では落ち葉を掻き分けてミミズを探すシロハラやトラツグミが見られることもある。池にはオカヨシガモ、ヒドリガモ、ハシビロガモが見られ、上空を時々ハヤブサ、オオタカ、ハイタカが飛ぶこともある。

　留鳥はエナガやメジロ、シジュウカラ、コゲラなどが冬は混群で動き、池ではカワセミが飛び交うこともあり、見つけやすい。

ここに暮らす鳥に会えます　低い山や林　湖や沼、池　川、河原　空

探鳥アドバイス

ベストシーズン	所要時間の目安
通年	約3時間

春から初夏は鳥のさえずりを楽しみながら歩き、秋から冬は林と池を中心に観察しよう。春は大泉池の浮島でアオサギとカワウが集団で繁殖し、ヒナが親鳥から餌をもらうシーンが見られ、微笑ましい。水流ではカルガモが休息し、コサギが足を震わせて水中をかき回し、餌を探している。石の上にカワセミがとまっていることもある。

①カワセミ。池の水際などで休息する姿が見られる
②ヤブサメ。春の渡りの時、植え込みの中から虫のような音色でさえずっていることがある
③カルガモ。一番身近なカモの仲間で、クチバシの先端が黄色いのが特徴

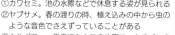

④ジョウビタキ。冬鳥で、雌は愛称として「ジョビコ」と呼ばれている

このエリアで見られる時期

●＝夏　●＝冬　無印＝通年　●＝旅鳥

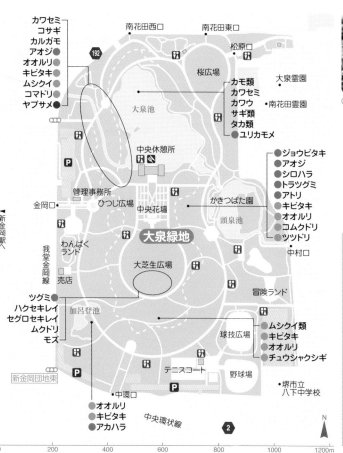

カワセミ
コサギ
カルガモ
アオジ ●
オオルリ ●
キビタキ ●
ムシクイ ●
コマドリ ●
ヤブサメ ●

南花田西口
南花田東口
松原口

桜広場

192

大泉池

大泉霊園
・南花田霊園

カモ類
カワセミ
カワウ
サギ類
タカ類
ユリカモメ ●

中央休憩所

管理事務所
ひつじ広場

金岡口

大泉緑地

中央花壇

かきつばた園
頭泉池

▲新金岡駅へ

我堂金岡線

わんぱくランド
売店

大芝生広場

●ジョウビタキ
●アオジ
●シロハラ
●トラツグミ
●アトリ
●キビタキ
●オオルリ
●コムクドリ
●ツグミ

中村口

ツグミ ●
ハクセキレイ
セグロセキレイ
ムクドリ
モズ

加呂登池

冒険ランド

●ムシクイ類
●キビタキ
●オオルリ
●チュウシャクシギ

球技広場

新金岡団地東

テニスコート
野球場

・堺市立八下中学校

●オオルリ
●キビタキ
●アカハラ

中環口
中央環状線

2

N

0　200　400　600　800　1000　1200m

\ DATA /

☎072-259-0316（大泉緑地管理事務所）⊕大阪府堺市北区金岡町128 ℗787台（第1〜第3駐車場）有料⊗大阪市営地下鉄御堂筋線新金岡駅から徒歩15分。車↓阪神高速15号堺線（堺ランプ）から約15分

周辺情報　公園管理事務所→大泉池→左周り→水流→頭泉池→大芝生広場がおすすめコース。大芝生広場では、冬はツグミが多く、通年はムクドリやハクセキレイが餌を探している。

四季折々の野鳥との出会いに期待！

箕面公園

みのおこうえん

ここでみられる♪
オオルリ

◀ 明治の森箕面国定公園の一角にある、箕面公園

写真提供：箕面公園

府営箕面公園は滝と紅葉で知られている。標高約100〜600m、面積83.8ヘクタール、東海道自然歩道の西端に位置し、明治の森箕面国定公園の一角にある。また、幅5m、落差33mの壮大な箕面大滝は森林を縫うように流れ落ち、その渓谷美は見事だ。

バードウォッチングはこの渓谷沿いを流れる箕面川に沿って、阪急箕面駅前から滝までの往復（片道4.2km）をメインコースとしたい。早春の繁殖期は山野の鳥の中で唯一、水の中を潜るカワガラスが1月下旬から巣作りを始める。なぜなら冬の間、川の中で暮らすカワムシやカゲロウの幼虫などを餌にするからだ。まずは箕面川の水際や石の上に目を向けて観察してみよう。運が良ければ、カワセミが「チィーッ」と鳴きながら通過していくだろう。

代表的な留鳥は、シジュウカラ、ヤマガラ、メジロ、キセキレイ、コゲラ、アオゲラなど。滝道から昆虫館、そして瀧安寺を過ぎたあたりまで、4月上旬から活発に繁殖活動を始める。

箕面を代表する夏鳥はオオルリ。箕面駅前から10分ほど歩けばオオルリのさえずりが梢から響き渡る。初めてバードウォッチングする人にとって、オオルリのさえずりや姿は憧れであり、身近に観察できるのも大きな魅力。同時期、キビタキ、センダイムシクイもさえずっている。秋は、日本で繁殖したサシバやハチクマが上空を西から南西へ向かって渡るコースとなっていて、山の稜線を見上げると時々、その姿が見られる。

11月から1月にかけては、一の橋から山手に向かう一般道を経て昆虫館裏手の薄暗い所でクロジ、トラツグミ、ルリビタキと出会えるチャンスがある。

ここに暮らす鳥に会えます　☁空　🌲低い山や林

探鳥アドバイス

ベストシーズン	所要時間の目安
通年	約3時間

コース：箕面駅→滝道→昆虫館前→
龍安寺→修行古場→箕面大滝
箕面駅改札を出るとモミジの天ぷら
を販売するお店が両側にあり、箕面
大滝に続く滝道に繋がる。春は道中、
ツバメが飛び交う。箕面川を右手に
見ながら歩くと左手に昆虫館がある。
その付近でカワガラスを探そう。道
なりに歩くと龍安寺が見えてきて緩
い登り坂になり、オオルリのさえず
りが響き渡る。食用モミジの天ぷら
は箕面名物なので食して損はない。

①オオルリ。箕面公園の初夏を代表する美し
　い鳥。さえずりに耳を澄ませたい

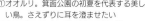

②カワガラス。冬に箕面川で水中に潜ってエ
　サを探している

③ルリビタキ。冬、出会いは難しいが「ヒッ
　ヒッ」と鳴く声を頼りに探そう

このエリアで見られる時期

●＝夏
●＝冬
無印＝通年
●＝旅鳥

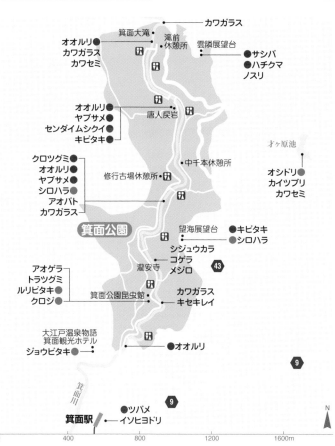

カワガラス
箕面大滝
オオルリ
カワガラス
カワセミ
滝前
休憩所
雲隣展望台
サシバ
ハチクマ
ノスリ

オオルリ
ヤブサメ
センダイムシクイ
キビタキ
唐人戻岩

才ヶ原池

クロツグミ
オオルリ
ヤブサメ
シロハラ
アオバト
カワガラス
修行古場休憩所
中千本休憩所
オシドリ
カイツブリ
カワセミ

箕面公園

望海展望台
キビタキ
シロハラ
シジュウカラ
コゲラ
メジロ
43
瀧安寺

アオゲラ
トラツグミ
ルリビタキ
クロジ
箕面公園昆虫館
カワガラス
キセキレイ

大江戸温泉物語
箕面観光ホテル
ジョウビタキ
オオルリ

9

箕面川
箕面駅
ツバメ
イソヒヨドリ
9

N

0	400	800	1200	1600m

④トラツグミ。冬、薄暗い
林の地面で落ち葉を
払っている姿を見かける

⑤キセキレイ。川の石や
瓦屋根の上で甲高い声
でさえずっている。黄
色い胸が特徴

探鳥地ガイド｜近畿／大阪府

\ DATA /

☎072-721-3014（箕面公
園管理事務所）⊕大阪府箕面市箕面
公園 ℗箕面駅前第1・第2駐車場駅
周辺駐輪場（有料）⊗電車↓阪急箕面
線箕面駅下車。バス↓千里中央から
阪急バス（11番停留所）箕面駅前下車

周辺情報　初夏、箕面大滝からドライブウェイ沿いに歩き、箕面ビジターセンターまでの道中、運が良ければ杉林
でサンコウチョウやクロツグミがさえずっていることもある。

なにわが誇る渡り鳥たちの国際的道の駅

大阪南港野鳥園（野鳥園臨港緑地）

おおさかなんこうやちょうえん（やちょうえんりんこうりょくち）

ここでみられる♪
コチドリ

人工干潟としては唯一、環境省の「日本の重要湿地500」に選定されている

　大阪のウォーターフロント南港に位置する日本初の人工干潟を有する野鳥公園。毎年、数多くの渡り鳥が羽を休めに立ち寄り、また、次の旅への英気を養う場所としても公園の担う役目は大きい。コンパクトながら、海水・汽水池、干潟、磯場、ヨシ原、海浜植物、植栽林など多様な環境で構成されており、鳥以外の生き物も多様だ。

　展望塔からは大阪湾と湿地が一望でき、鳥を探しやすい。ここでの主役はシギ・チドリ類。春と秋には干潟が鳥たちで大にぎわいとなる。メダイチドリ、トウネン、ハマシギ、キアシシギ、ソリハシシギ、アオアシシギ、チュウシャクシギなどの小・中型種がメインで、ホウロクシギ、オオソリハシシギなどの大型種も見られる。冬にはハマシギの群れや多くのカモ類が飛来し、ツクシガモやヘラサギの近

畿地方有数の越冬地になっている。小鳥を狙ってチュウヒやハイタカ、オオタカなど猛禽類が現れるのもこの時期。ミサゴが杭の上で大きな魚を食べるシーンにも出会えるだろう。

　一方、緑地は渡りの小鳥たちの餌場や休息場、冬を越す場所になっている。春は満開の桜並木にオオルリやキビタキがさえずり、緑道にはコルリ、コマドリ、サンコウチョウ、クロツグミ、ツツドリ、ムシクイ類がいる。秋から冬にかけてシロハラ、ジョウビタキ、アトリ、アオジ、ビンズイ、ルリビタキにも出会えるだろう。シジュウカラ、メジロ、カワラヒワなどは周年生息している。

　探鳥シーズンに合わせ、展望塔にはベテランの野鳥ガイドがいて丁寧に鳥のことを教えてくれる（年間36回）。はじめて野鳥観察をする人にとっても安心だ。

ここに暮らす鳥に会えます　空　低い山や林　湖や沼、池　農耕地干拓地　川、河原　住宅地　ビル街　海、海岸港

探鳥アドバイス

ベストシーズン	所要時間の目安
通年。GW	約2〜3時間

シギ・チドリ類を見るには干潮時がよいので事前に潮の時間を調べておこう。野鳥園の公式HPには現在見られる鳥や野鳥観察イベントなどさまざまな情報が掲載されているのでチェックしよう。園内に飲み物の自販機はあるが、コンビニや飲食店は近所にないため、じっくり観察したい人は持参したほうがよい。なお、日本野鳥の会大阪支部による探鳥会も毎月開催されている（原則として第4日曜日の午前中）。

①トウネンとメダイチドリ
②明るく声を響かせるキビタキ
③桜の枝にとまったオオルリ

④「はばたきの丘」は渡りの小鳥たちのポイント

このエリアで見られる時期

●＝夏
●＝冬
無印＝通年
●＝旅鳥

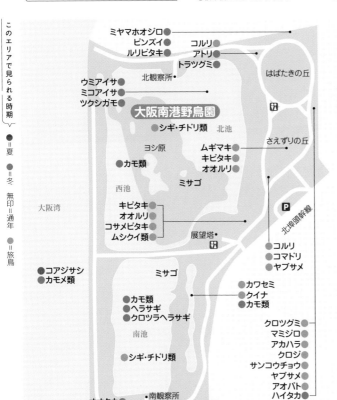

ミヤマホオジロ●
ビンズイ●
ルリビタキ● コルリ●
アトリ●
トラツグミ●

北観察所・

ウミアイサ●
ミコアイサ●
ツクシガモ●

大阪南港野鳥園

●シギ・チドリ類　北池

ヨシ原　ムギマキ● さえずりの丘
●カモ類　キビタキ●
オオルリ●

西池　ミサゴ

キビタキ●
オオルリ●
コサメビタキ●
ムシクイ類●

展望塔・

北埠頭幹線

コルリ●
コマドリ●
ヤブサメ●

大阪湾

●コアジサシ
●カモメ類

ミサゴ

カワセミ●
クイナ●
カモ類●

●カモ類
●ヘラサギ
●クロツラヘラサギ

南池

クロツグミ●
マミジロ●
アカハラ●
クロジ●
サンコウチョウ●
ヤブサメ●
アオバト●
ハイタカ●

●シギ・チドリ類

・南観察所
（観察会開催時のみ開園）
オオタカ●

N

0　100　200　300　400　500　600m

トレードセンター前駅方面へ▼

はばたきの丘

DATA

☎06-6572-4050（大阪港湾局計画整備部施設管理課 緑地管理）　⑲大阪府大阪市住之江区南港　⑲9〜17時　⑲20台（無料）　⑯無料　⑯水曜（祝日開園）・年末年始　※HP参照　⑯ニュートラム南港ポートタウン線「トレードセンター前」駅より徒歩13分。車では阪神高速湾岸線南港北出口より10分。大阪港咲洲トンネル・夢洲トンネル出口より5分

野鳥との出会いを通じて淀川河川敷の四季を楽しむ

淀川毛馬周辺
よどがわけましゅうへん

ここでみられる♪
スズナ

◀大阪の母なる川、淀川。河川敷はフラットなので初心者でも気軽に探鳥できる

　淀川は大阪湾に注ぐ一級河川で、滋賀県、京都府、および大阪府を流れる淀川水系の本流である。淀川流域は大阪府鳥獣保護区に設定されている。ここで紹介する探鳥ポイントは、毛馬の水門を起点に左岸コースを上流に向けて歩き、城北公園を目指すコースだ。

　春から初夏にかけて、水門近くの堰があるところには近年、ケリが繁殖し、親子の姿が見られることもある。「ケリッケリッ」と鳴きながら飛翔しては地上に降りてくるので、探しやすい。

　上流に向けて歩き始めると、ヨシ原にオオヨシキリが盛んにさえずっている姿が見られ、上空や地上ではヒバリがさえずり、ツバメが飛び交う。時にはミサゴが飛翔し、河川に向けてダイビングしていることもある。

　6月頃の河川敷は巣立ちしたムクドリの親子が採餌している愛らしいシーンが見られる。

　秋冬にかけて、ヨシ原にはノビタキが中継し、オオジュリンやツリスガラが鳴きながら移動し、ベニマシコが越冬する。地上ではツグミが群れている。

　本流に目を向けると、カンムリカイツブリ、キンクロハジロ、ホシハジロ、ユリカモメなどが見られる。また、本流に沿った細い水路には、運が良ければ冬にクイナの姿が見られることも。淀川には"ワンド"と呼ばれる淀川本流と繋がる小さな池が、河川敷にいくつかある。池には小魚が多く、本流と行き来しているため、カワセミと出会えるチャンスもある。また毎冬、ワンドと堤防をホオアカが行き来していることもある。城北公園の周辺の植え込みにはアオジ、木々にはジョウビタキの姿が見られることもある。

ここに暮らす鳥に会えます 川、河原 湖や沼、池  空

探鳥アドバイス

ベストシーズン	所要時間の目安
通年	約5時間

毛馬水門の堤防に立つと、春から初夏にかけて目線の高さから上空にかけてコアジサシが飛び交い、ケリが鳴き、ヒバリがさえずっている。河川に沿って上流へ歩くと、初夏はヨシ原のヨシに止まったオオヨシキリが「ギョギョシギョギョシ」とさえずり、冬はオオジュリンやツリスガラがヨシの皮を剥きながら採餌していることがある。

①ツリスガラ。淀川河川敷のヨシ原で越冬期に時々群れている
②ケリ。毛馬水門の堰の上で毎年、繁殖している
③ヒバリ。淀川河川敷の堤防でよくさえずり、繁殖している

④ミサゴ。上空で飛翔しているだけでなく時々、杭にとまって休息していることも

探鳥地ガイド

近畿／大阪府

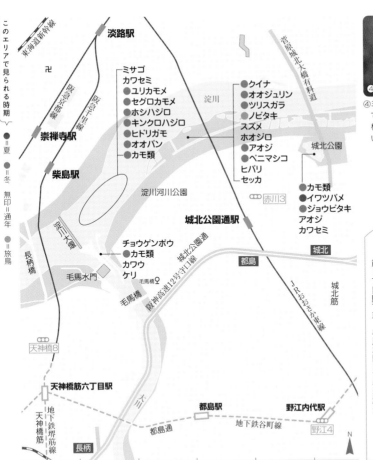

このエリアで見られる時期

● ＝夏
● ＝冬
無印＝通年
● ＝旅鳥

淡路駅

東海道新幹線
阪急京都線
阪急千里線

崇禅寺駅

柴島駅

長柄橋

淀川大堰

ミサゴ
カワセミ
● ユリカモメ
● セグロカモメ
● ホシハジロ
● キンクロハジロ
● ヒドリガモ
● オオバン
● カモ類

淀川河川公園

淀川

菅原城北大橋有料道

● クイナ
● オオジュリン
● ツリスガラ
● ノビタキ
スズメ
● ホオジロ
● アオジ
● ベニマシコ
ヒバリ
セッカ

赤川3

城北公園

● カモ類
● イワツバメ
● ジョウビタキ
アオジ
カワセミ

城北公園通駅

城北公園通

城北

都島

JRおおさか東線
城北筋

城北

チョウゲンボウ
● カモ類
カワウ
ケリ

毛馬水門

毛馬橋

阪神高速12号守口線

天神橋8

天神橋筋六丁目駅

天神橋筋
地下鉄堺筋線

大川

都島駅

都島通

地下鉄谷町線

野江内代駅

野江4

N

| 0 | 500 | 1000 | 1500 | 2000 | 2500m |

長柄

DATA

☎06-6994-0006（淀川河川公園守口サービスセンター）※淀川河川公園に関する問い合わせのみ受付 ⓐ大阪府大阪市北区・都島区・旭区 ⓑ平日9〜17時、土日祝7〜17時。但し6〜8月は19時閉園 ⓧ地下鉄谷町線・堺筋線天神橋筋6丁目駅下車、毛馬水門まで徒歩20分

周辺情報 ▷ 所要時間を5時間としたのは、地下鉄の駅を下りて、毛馬水門を起点に淀川周辺→城北公園→城北公園前バス停→JR大阪駅を1つのルートに見立てたから。もう少し短い時間で水門周辺を散策し、観察してもいい。

プチ日本列島が浮かぶ池に野鳥が集まる

昆陽池公園

こやいけこうえん

ここでみられるよ♪
マガモ

◀ 野鳥観察橋が設けられているので水辺の鳥を観察しやすい

　大阪国際空港（伊丹空港）を離陸した直後、飛行機の窓から、日本列島を模した島が真ん中に浮かぶ広い池が眺められる。それが昆陽池で、奈良時代に僧・行基が造ったとされ、古くから渡り鳥の楽園となっている。伊丹市の中心地にある公園の広さは27.8ヘクタール、年間140種前後の野鳥が観察されている。約2kmの周遊路がきちんと整備されているから、子ども連れで訪れるには最適だ。

　池がにぎわうのは秋から冬。「野鳥観察橋」に行けば双眼鏡がなくてもキンクロハジロ、オナガ、ヒドリ、ハシビロといったカモ類の群れがすぐそばで見られる。

　双眼鏡で沖を探せば、警戒心の強いミコアイサ、カンムリカイツブリ、オカヨシガモが水に潜ったり浮かんだりしているだろう。

　人工の列島（野鳥の島）はカワウの集団営巣地となっており、餌をねだるヒナの声が騒がしい。獲物を狙うオオタカがよく潜んでいて、水辺はダイサギ、コサギ、アオサギなど、サギ類が集まる。

　2022年2月にコウノトリ3羽が舞い降りて、しばらく滞在した。その後も時折1羽、2羽と観察されている。

　春から夏はカモたちが旅立って寂しくなるものの、緑のトンネルを抜ける「ふるさと小径」にはシジュウカラ、エナガ、ヤマガラなどのカラ類や、コゲラが現れる。移動途中に立ち寄るキビタキ、オオルリ、クロツグミなどの夏鳥をはじめ、アトリやイカル、レンジャクの群れに出会えれば幸運だろう。近年、初夏にアオバズクが来るようになった。日が落ちてからのひと時、独特の鳴き声を楽しめる。

ここに暮らす鳥に会えます　湖や沼、池　低い山や林　🏠住宅地　

探鳥アドバイス

ベストシーズン	所要時間の目安
冬	約2時間

駐車場近くの西口から入って左手、売店の対面に「野鳥情報」の掲示板がある。地元の観察グループが毎日、見られた鳥の記録を掲示していて参考になる。また、メンバーが撮影した珍しい鳥の写真も掲示してあり、昆陽池の野鳥全般を学べる。園内の給餌池では職員がコブハクチョウに葉っぱや配合飼料を与えている。冬場にはカモ類がそのおこぼれにあずかろうとするところも見られる。一般の人のエサやりは禁止。

①コウノトリとアオサギ
②ヒドリガモとハシビロガモ
③ミコアイサとカンムリカイツブリ

このエリアで見られる時期

● = 夏　● = 冬　無印 = 通年　● = 旅鳥

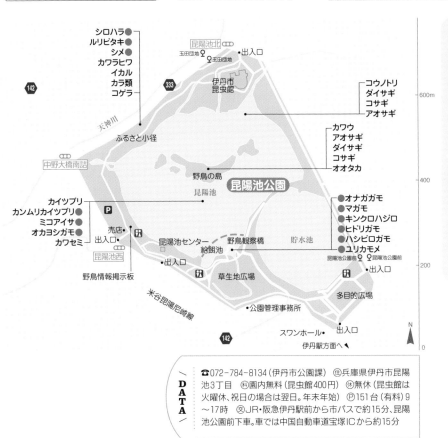

シロハラ●
ルリビタキ●
シメ●
カワラヒワ
イカル
カラ類
コゲラ

コウノトリ
ダイサギ
コサギ
アオサギ

カワウ
アオサギ
ダイサギ
コサギ
オオタカ

カイツブリ
カンムリカイツブリ●
ミコアイサ●
オカヨシガモ●
カワセミ

オナガガモ●
マガモ●
キンクロハジロ●
ヒドリガモ●
ハシビロガモ●
ユリカモメ●

天神川
ふるさと小径
中野大橋南詰
野鳥の島
昆陽池
昆陽池公園
昆陽池センター
給餌池
野鳥観察橋
貯水池
売店
出入口
昆陽池西
野鳥情報掲示板
米谷昆陽尼崎線
草生地広場
公園管理事務所
多目的広場
スワンホール
伊丹駅方面へ
昆陽池公園前
出入口
昆陽池北
玉田団地
出入口
伊丹市昆虫館
333
142
142
600m
400
200
0
N

DATA
☎072-784-8134（伊丹市公園課）　⑥兵庫県伊丹市昆陽池3丁目　❅園内無料（昆虫館400円）　❅無休（昆虫館は火曜休、祝日の場合は翌日。年末年始）　ⓟ151台（有料）9〜17時　⊗JR・阪急伊丹駅前から市バスで約15分、昆陽池公園前下車。車では中国自動車道宝塚ICから約15分

周辺情報　公園北側の伊丹市昆虫館にも立ち寄ろう。温室ドームにはオオゴマダラ、ツマベニチョウなど石垣・西表島のチョウが14種、1000匹近くが舞う。展示室には世界の蝶や甲虫の標本が並び、楽しい。

宝塚北部に残る豊かな里山の自然を生かした公園

兵庫県立宝塚西谷の森公園

ひょうごけんりつ たからづか にしたにのもりこうえん

◀ 古民家風の施設「西の谷農舎」を中心に里山風景が広がる

　里山の原風景を残そうと、昭和30年代の農村をイメージして平成20年に整備された公園。

　園内は水田や畑、ビオトープのある「西の谷」とため池や湿地、森のある「東の谷」が尾根を隔ててあり、さまざまな環境がそろっていることから多くの野鳥が見られる。

　公園の第一駐車場前に広がる水田では春にヒバリがさえずり、夏には隣接の畑でケリが営巣、ヒナを育てている。

　サギ類のほか、背後の雑木林ではホオジロ、カシラダカ、キセキレイの姿も。

　おすすめは「西の谷」。入口から六角東屋までのわずかな距離を歩くだけで主な鳥たちと出会うことができる。畑周辺ではホオジロ、カワラヒワ、モズ、冬にはジョウビタキ、ルリビタキ、ミヤマホオジロ、カシラダカが。

　農舎北のビオトープではカワセミやアオサギなどが見られる。希少種のサクラバハンノキの林あたりでは、渡り途中のサメビタキ類や冬鳥のウソ、アトリが羽を休める。

　六角東屋のベンチに座り、静かに眺めているとアオゲラ、コゲラ、ヤマガラ、シジュウカラ、エナガが姿を現し、山道に進めば、夏にはオオルリ、キビタキと会える。

　東屋からハイキングコースを登り、展望台経由で「東の谷」に下りられるが、西の谷農舎横から峠道を通ったほうが近くて楽だ。尾根道は、鳥の数は少ないが、麓に下りるにつれ、さえずりは多くなる。「東の谷」の大部分を占める保与谷池（ほよたにいけ）にはカワセミ、アオサギなどがいる。

　東西の谷を結ぶ散策路は約8km。6月に見頃のササユリも大事に見守りたい。

探鳥アドバイス

ベストシーズン	所要時間の目安
通年	約3時間

東の谷管理棟と西の谷農舎にトイレと休憩所、飲料水の自販機がある。近くに飲食店はないので弁当を持参してゆったり過ごしたい。時間があれば公園から1km南にある丸山湿原へ足を延ばすのも面白い。麓の駐車場から20分ほどの山道で、初夏にはオオルリやサンコウチョウの声が聞こえ、湿原ではトキソウ、サギソウなどの花が順に咲く。道はよく整備されているがトイレはない。

①畑の一角でヒナを見守るケリ
②春先、管理棟周辺の雑木林でウソの姿を見かけることも
③公園内の水田にはサギ類・セキレイ類がいる

このエリアで見られる時期
●＝夏 ●＝冬 無印＝通年 ●＝旅鳥

オオルリ●
キビタキ●
カラ類
アオゲラ
コゲラ

メジロ
ヒヨドリ
ヤマガラ
エナガ
●センダイムシクイ

展望台

カワセミ
アオサギ

□六角東屋
ビオトープ

馬の背

兵庫県立宝塚
西谷の森公園

西の谷

東の尾根から

農舎

□峠の東屋

湿地再生エリア

ジョウビタキ●
ルリビタキ●
アトリ●
ウソ●
ミヤマホオジロ●
サメビタキ類●

東の谷

カワセミ
アオサギ

保与谷池

西谷の森公園口バス停へ

キセキレイ
カシラダカ●
ホオジロ●
モズ

保与谷広場
・東の谷管理棟

ノスリ
トビ
ケリ
ヒバリ
サギ類
セキレイ類

川下川

丸山湿原へ

0 300 600 900 1200m

N

④キビタキは夏の常連だ
⑤センダイムシクイが虫を捕まえたところ

\ DATA /

☎0797-91-1630 ⊕兵庫県宝塚市境野字保与谷14-1 ⊗JR武田尾駅より阪急バスで10分余、西谷の森公園口下車、徒歩約10分。新名神高速道 宝塚北スマートインターより約7分。中国自動車道宝塚ICまたは神戸三田ICから約30分 ⊙9時〜17時（祝日の場合は翌日以降の平日）。年末年始 ㊙無料 ㊡月曜 ℗約150台（無料）

工場地帯周辺にも多くの鳥が集う

夢前川と浜手緑地

ゆめさきがわ　はまてりょくち

▲早朝の夢前川。カモや水辺の鳥、山野の鳥両方とも出会う楽しみがある

　夢前川は雪彦山を源として播磨灘に注いでいる美しい川だが、河口域が工業地帯のため、残念ながら自然河岸はない。河川敷には遊歩道があり、工業地帯との緩衝帯として整備された浜手緑地とともに市民の憩いの場となっている。

　下流部汽水域は見通しがよく、冬季には10数種のカモが見られ、毎年珍しいカモが飛来する。これらを狙ってオオタカやハヤブサが出現する。葦原や小さな干潟周辺ではクイナやバン、オオジュリンなどの水辺の鳥が観察できる。春秋の渡りの時期にはチュウシャクシギなどのシギ類やサメビタキ属、ノビタキなど多くの鳥が河川敷、堤防で見られる。夏鳥はイワツバメが集団営巣をするほか、ササゴイ、オオヨシキリも見られる。毎年4月にセイタカシギが飛来するようになり、繁殖も確認されている。その頃ケリも姿を見せる。カワセミやキジなどは散歩する人達の楽しみとなっている。ミサゴが毎朝狩りに姿を見せ、イソヒヨドリがそこかしこで営巣し、ハッカチョウもにぎやかである。

　浜手緑地は人工林で、梅林や桜林があり、自然のままに成長し鬱蒼としている。春の渡りではオオルリ、キビタキ、コムクドリやムシクイ類、秋の渡りはサメビタキ属3種が主で、ほかにセンダイムシクイなどムシクイ類が楽しめる。冬季はシロハラ、アカハラなど大型ツグミ類5〜6種に、アオジ、アトリなどが見られる。シジュウカラ、ヤマガラ、エナガ、コゲラ、メジロなども繁殖している。

　野鳥だけでなく、浜手緑地にはキツネ、タヌキ、アライグマが現れる。川周辺ではシカやイタチを見られるかもしれない。

ここに暮らす鳥に会えます　川、河原　空　

探鳥アドバイス

ベストシーズン	所要時間の目安
冬、春秋の渡りの時期	約2時間

山陽電車「夢前川」駅を下車して、夢前川の堤防までは徒歩ですぐに着く。川に出て、左岸遊歩道を広栄橋から汐見橋までまわり、汐見橋西詰から浜手緑地に入るコースがおすすめ。サッカーグラウンド周辺まで行き、折り返して浜手緑地に戻り、川に出よう。帰りは右岸を北上し、夢前川駅へ戻る。堰・中洲周辺が観察ポイントだ。

①イソヒヨドリ。ヒナのために餌を採餌中
②ミサゴ。朝、数羽が狩りをしていた
③クイナ。水辺でヒクイナと一緒に採餌していた

探鳥地ガイド 近畿／兵庫県

このエリアで見られる時期

● ＝夏
● ＝冬
無印＝通年
● ＝旅鳥

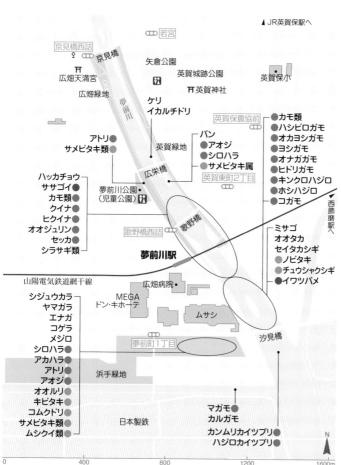

④ハッカチョウ。夢前川周辺ではおなじみの鳥
⑤セイタカシギ。数年前から飛来するようになり、繁殖も確認

▲ JR英賀保駅へ

京見橋西詰
若宮
京見橋
矢倉公園
英賀城跡公園
広畑天満宮
英賀神社
英賀保小
広畑緑地
夢前川
ケリ
イカルチドリ
英賀保農協前
● カモ類
● ハシビロガモ
アトリ ●
サメビタキ類 ●
バン
英賀緑地
● アオジ
● シロハラ
● サメビタキ属
英賀東町2丁目
● オカヨシガモ
● ヨシガモ
● オナガガモ
● ヒドリガモ
● キンクロハジロ
● ホシハジロ
● コガモ
ハッカチョウ ●
ササゴイ ●
カモ類 ●
クイナ ●
ヒクイナ ●
オオジュリン ●
セッカ ●
シラサギ類 ●
広栄橋
夢前川公園
（児童公園）
歌野橋西詰
歌野橋
夢前川駅
西飾磨駅へ
● ミサゴ
● オオタカ
● セイタカシギ
● ノビタキ
● チュウシャクシギ
● イワツバメ
山陽電気鉄道網干線
シジュウカラ ●
ヤマガラ ●
エナガ ●
コゲラ ●
メジロ ●
シロハラ ●
アカハラ ●
アトリ ●
アオジ ●
オオルリ ●
キビタキ ●
コムクドリ ●
サメビタキ類 ●
ムシクイ類 ●
広畑病院
MEGA
ドン・キホーテ
ムサシ
汐見橋
夢前町1丁目
浜手緑地
日本製鉄
マガモ ●
カルガモ
カンムリカイツブリ ●
ハジロカイツブリ ●

0　　　400　　　800　　　1200　　　1600m

N

DATA

⑰ 兵庫県姫路市広畑区夢前町・飾磨区西浜町
Ⓟ なし
Ⓧ 山陽電気鉄道網干線夢前川駅下車すぐ。またはJR英賀保駅から徒歩約30分

周辺情報 河川敷左岸（東側）からスタートしよう。冬は防寒対策をしっかりと。浜手緑地の北、国道250号線を跨ぐとスーパーマーケットがあり、飲食コーナーもある。トイレは矢倉公園、夢前川公園にある。

コウノトリの子育てが観察できる里山ミュージアム

コウノトリの郷公園と文化館

こうのとりのさとこうえん　ぶんかかん

◀稲穂がたわわに実ってこうべを垂れる水田（兵庫県立コウノトリの郷公園周辺）

　兵庫県北部の豊岡市にある県立コウノトリの郷公園を中心とした、水田・小川や低い山がつながる里山エリア。コウノトリは1971年に国内野生個体群が消滅、最後の生息地だった豊岡では保護増殖事業を経て、野生復帰への取り組みが官民学一体で進められてきた。その結果、2005年に放鳥が実現。「コウノトリ育む農法」による水田管理など、さまざまな生息場の創出・保全活動が実を結び、現在、豊岡市は国内最大の繁殖地となっている。

　4〜6月はコウノトリ観察のベストシーズン。エリア内の水田脇にある人工巣塔上での子育ての様子を、豊岡市立コウノトリ文化館で解説を聞きながらじっくり観察したい。巣立ち前には巣塔上で果敢に羽ばたきジャンプするヒナたちのダイナミックな様子が見られ

る。また、園内の山頂あずまやからはコウノトリの巣内を見下ろせる。双眼鏡を持って片道15分の散策路をキビタキの声を聞きながら登り、コウノトリファミリーを見守りたい。そのほか、1年を通じて水田周辺ではサギ類やセグロセキレイ、オオタカなども観察できる。

　冬は、林縁でトラツグミ、レンジャク、ルリビタキ、ミヤマホオジロ、カシラダカなどの冬鳥に出会える。カラ類やメジロ、エナガなどの小鳥もかわいい。特に雪が積もると山奥から山際へ鳥たちが顔を出すので、高確率で多種と出会える。東公開エリアのビオトープではコガモやマガモ、ヒドリガモが羽を休め、コウノトリが餌を探す様子がよく見られる。

　日本の里山がコンパクトなミュージアムになったような懐かしい風景が味わえる。

ここに暮らす鳥に会えます　 低い山や林　 川、河原　🏢 農耕地干拓地　 空

探鳥アドバイス

ベストシーズン	所要時間の目安
4〜6月	約2時間

おすすめのコースはコウノトリ文化館→山頂あずまや→東公開ビオトープ→ドーム型コウノトリケージ。山頂あずまやからのコウノトリファミリーは必見！　コウノトリの郷公園や周辺の散策を楽しんだ後は、六方田んぼにも足を延ばそう。コウノトリが長年繁殖している巣塔があるほか、冬期は湛水田に飛来するコハクチョウやタゲリ、猛禽類のノスリやチョウゲンボウなども観察できる。

①巣塔の上であたりを見回すコウノトリファミリー
②1年を通じてオオタカがよく見られる
③里山で冬を越すキレンジャク

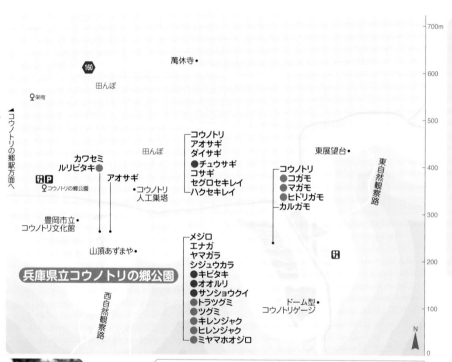

700m

600

萬休寺・

160

田んぼ

♀栄町

500

コウノトリ
アオサギ
ダイサギ
●チュウサギ
コサギ
セグロセキレイ
ハクセキレイ

田んぼ

東展望台・

東自然観察路

400

カワセミ
ルリビタキ

アオサギ

コウノトリの郷公園

コウノトリ
人工巣塔

コウノトリ
●コガモ
●マガモ
●ヒドリガモ
●カルガモ

300

豊岡市立
コウノトリ文化館

200

メジロ
エナガ
ヤマガラ
シジュウカラ
●キビタキ
●オオルリ
●サンショウクイ
●トラツグミ
●ツグミ
●キレンジャク
●ヒレンジャク
●ミヤマホオジロ

山頂あずまや・

兵庫県立コウノトリの郷公園

西自然観察路

ドーム型・
コウノトリケージ

100

N

0

→コウノトリの郷駅方面へ

☎0796-23-7750(豊岡市立コウノトリ文化館)　⊕兵庫県豊岡市祥雲寺127番地　⊛9〜17時　⊛無料(コウノトリ環境協力金100円任意)　⊛月曜(祝日・振替休日の場合はその翌日)、年末年始　Ⓟ70台(無料)　⊗山陰本線豊岡駅が最寄り。全但バス「コウノトリの郷公園」下車。京都丹後鉄道「コウノトリの郷駅」下車、徒歩30分

④冬は山際にトラツグミが顔を出す

周辺情報　久々比神社は公園から車で5分の所にあるコウノトリゆかりの神社で、絵馬とお守りが人気。また、豊岡市立ハチゴロウの戸島湿地も訪ねたい。城崎温泉の対岸にあり、カモ・サギ類の水鳥を観察できる。

春日山の広大な原始林は野鳥の繁殖地

奈良公園

ならこうえん

▲万葉の歴史と豊かな緑に恵まれた奈良公園

奈良公園は世界文化遺産に指定されている興福寺、東大寺、春日大社に隣接し、後背地に同じく世界文化遺産である春日山原始林を持ち、文化・自然環境の双方に恵まれている。また、近鉄奈良駅からのアクセスもよい。

うっそうと茂った春日山原始林は、遊歩道以外、立ち入り禁止。コジイ・イチイガシ・アカガシなどの照葉樹のほか、モミ・スギ・ヤマザクラなどの多様な樹木から構成されており、森林をすみかとする野鳥の貴重な繁殖地になっている。奈良公園はこの春日山の裾野に位置し、園内の樹木にはエナガ、シジュウカラ、コゲラ、メジロなど森林に住む野鳥を見ることができる。

奈良公園で数分じっとしていると、カラ類などが人間を気にせずにすぐ頭上を越えたり、歩道沿いの水路で水浴びをしている姿を見る

ことができる。夕暮れ近くには春日山や周辺でフクロウの声を聞くことも多く、溜池に近い芝地でカモ類が餌を求めて歩く姿を見ることもある。また、鹿に混じって鹿せんべいを失敬するハシボソガラスにも会えるだろう。

奈良公園での探鳥は体力や目的、時間的余裕に合わせて様々な経路を選ぶことができる。興福寺や国立博物館周辺から、二月堂や手向山周辺の史跡と野鳥観察の両方を楽しむコース。春日山から南にのびる３本の禰宜道は、平坦地でありながら豊かな森林の中での観察が楽しめる。

水谷神社から東に上ると若草山を経て春日山遊歩道へと続き、ハイキングコースとしてもおすすめだ。この道を進むと新薬師寺付近に出るが、売店や自動販売機はないので歩く際は準備が必要となる。

ここに暮らす鳥に会えます　🌲低い山や林　🏠住宅地　☁空

ベストシーズン	所要時間の目安
通年	約3時間

興福寺、東大寺などの世界文化遺産と隣接し、若草山や春日山を望む奈良公園は、カラ類やメジロなどの野鳥が一年を通じて見られる。春から初夏にはオオルリやキビタキなどの夏鳥が、冬にはアトリやツグミなどよく見られる。園内はトイレや休憩施設が充実しており、近鉄奈良駅からも近い。のんびりと探鳥を楽しみたい人は奈良公園北西の転害門から正倉院、二月堂を通って春日大社に至るコースがおすすめ。

①鹿せんべいをくわえたハシボソガラス
②東大寺大仏殿近くの水路で水浴びするシジュウカラ

このエリアで見られる時期

● ＝夏
● ＝冬
無印＝通年
● ＝旅鳥

近鉄奈良駅

トビ
オオタカ
サシバ ●
ツグミ ●
セッカ
ヒバリ

サンコウチョウ ●
アカショウビン ●
ホオジロ
ツグミ ●
キバシリ

ツグミ ●
シロハラ ●
シジュウカラ
カワラヒワ
ミソサザイ
エナガ
マヒワ ●
キジバト
ヒヨドリ
ウグイス

カイツブリ

ゴイサギ
コサギ
カワセミ

ツグミ ●
シロハラ ●
コジュケイ
キジバト
ツバメ ●
ヒヨドリ
ウグイス
ホオジロ

若草山
春日山原始林

奈良公園

☎0742-22-0375（奈良公園事務所）
㊤奈良県奈良市奈良公園　㊧近鉄奈良駅から徒歩5分。またはJR奈良駅から徒歩20分 ※渋滞することが多いので、公共交通機関の利用をおすすめ

DATA

周辺情報　付近には国立博物館、志賀直哉旧居もある。手向山八幡宮は紅葉で有名。同社は、東大寺大仏建立の折、豊前の国（大分県）宇佐八幡宮から守護神を招き祀ったという謂れがある。

いにしえの都の跡地で野鳥たちと出会う

平城宮跡・水上池

へいじょうきゅうせき・みずかみいけ

ここでみられる♪
ツバメ

◀ 緑なす草地は歴史を偲びつつ、ゆったりと鳥を見るのにもよいところだ

　平城宮跡・水上池ともに日本野鳥の会奈良支部などにより長年、観察会が続けられている人気の探鳥地である。両地点は隣接しているので連続して観察することも可能だが、水上池での水鳥の観察には倍率高めの双眼鏡を準備していくと重宝する。平城宮跡へのアクセスは近鉄西大寺が便利で、バスの便もよいが、水上池は近鉄新大宮駅から徒歩、もしくは平城宮跡・遺構展示館前バス停を利用するとよいが。

　平城宮跡は奈良時代の都の中心部の遺構であり、世界文化遺産に指定されている。近年は太極殿の復元や展示施設の建設などが進んでおり、休憩施設も充実してきた。ヨシ原や芝地、梅林などの緑地と湿地の環境を併せ持っているのが特徴だ。ヨシ原のオオヨシキリやセッカの声を聞きながら、ツバメのねぐ

らを見るのは夏の風物詩になっている。

　市街地近郊では珍しい大面積の草地を持つ平城宮跡は、越冬期や渡り途中の鳥、草地性の鳥にとって重要な環境なのである。

　この北側に位置するのが水上池だ。池とその周辺の古墳群は奈良時代よりさらに古い歴史を今に伝えるもので、古墳群の堀周辺は水鳥の大事な生息場所となっている。墳丘の森林や周辺の農耕地にいる鳥や、草地性の鳥を見られるほか、それらを狙うオオタカなどの猛禽類もよく出現する。また、オシドリやマガモ、コガモ、ハシビロガモなどの淡水性のカモ類、ホシハジロやミコアイサなどの海ガモ類やオオバンも近年は定着している。

　水上池周辺の樹木にはシジュウカラやメジロ、コゲラなどがいて、森林性の鳥を観察できる。

ここに暮らす鳥に会えます ▶　 草原　湖や沼、池　住宅地　空　

探鳥アドバイス

ベストシーズン	所要時間の目安
通年	約3時間

平城宮跡付近の駐車場を利用する場合は開場時間にご注意を。季節を通じてメジロやカラ類などの樹林の鳥、夏期はセッカやオオヨシキリ、ヒバリなど草地の鳥でにぎわう。冬期にはツグミやムクドリ、カモ類のほか、アリスイなどの珍鳥にも運が良ければ出会える。オオバンやサギ類は1年を通じて見られる。秋から冬にかけては夕方、サギやカワウが杭で休む。水上池も冬は水鳥でにぎわう。水上池にトイレはない。

①平城宮跡で地面と樹木を行き来するツグミ
②水上池の冬はミコアイサをはじめとするカモ類でにぎわう

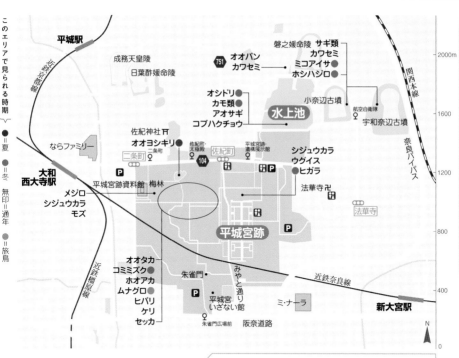

☎0742-36-8780（平城宮跡歴史公園）⊕奈良県奈良市二条大路南三丁目5番1号　㋐近鉄大和西大寺駅から玉手門を経由、徒歩で約20分。または、「ぐるっとバス」で近鉄大和西大寺駅南口から約10分、朱雀門ひろばバス停下車、すぐ

周辺情報　平城宮跡のヨシ原をねぐらとして利用するツバメは今も昔も飛んでいたことだろう。近鉄西大寺駅付近や沿線には史跡が多く、野鳥観察と合わせて古代歴史ロマンも楽しめる。

雄大な伯耆富士（大山）を背景に米子市民が守った水鳥の楽園

米子水鳥公園
よなごみずとりこうえん

米子水鳥公園の全景。ドローンによる空撮

P168-169写真提供：（公財）中海水鳥国際交流基金財団

　日本の湖で五番目の大きさの中海（なかうみ）に作られた、広さ28.6ヘクタールの野鳥の保護区。1980年頃、中海を埋め立てて造られた干拓地に水鳥が集まり、それを見た市民の要望を受けて設立された。ネイチャーセンターからは伯耆富士とも呼ばれる雄大な大山（だいせん）を望みつつ、園内の「つばさ池」を眼前に、室内で水鳥観察を楽しむことができる。センター内には望遠鏡が備え付けられたホールがあり、手ぶらで訪れても安心だ。なお、園内はネイチャーセンターに通じる園路以外は保護区となっており、立ち入ることはできない。

　ネイチャーセンターや彦名東橋（ひこな）の「観察広場」から保護区内を一望できるので探鳥の拠点としたい。

　冬場はマガモ、オナガガモ、ヒドリガモ、ハシビロガモ、キンクロハジロ、ホシハジロなど、多くのカモ類が観察できる。コハクチョウやマガンのねぐらとなっているものの日中は採食地へ出かけていて見られないことが多く、壮大な飛び立ちを見るには土日祝日の早朝開館を利用してほしい。

　夏には、カルガモの親子やカイツブリ、オオヨシキリを、春と秋には「ウラギクの池」に集まるシギ・チドリ類と、「Jr.レンジャーの森」に集う渡り鳥をそれぞれ観察できる。

　つばさ池の周囲にはヨシ原が広がっており、冬にはミサゴ、チュウヒ、ハイイロチュウヒ、オオタカ、ハイタカ、ノスリなどさまざまな猛禽類が観察できる。

　ネイチャーセンターには解説スタッフが常駐しており、野鳥や自然に関する情報を得ることができるほか、一年を通じてさまざまなイベントや展示が行われている。

探鳥アドバイス

ベストシーズン	所要時間の目安
秋から冬。春	約2時間

はじめにネイチャーセンターに入館し、スタッフから最新の情報を得たい。天候や鳥の状況に応じて、園路や桟橋などから観察しよう。園内のほとんどは保護区となっており、一部しか周ってみることはできないが、ネイチャーセンターから遠い場所にいる鳥については、彦名東橋の観察広場も利用するとよい。ネイチャーセンターの売店でお土産や飲み物が購入できる。トイレはセンター内にしかない。

①米子水鳥公園の池に集うコハクチョウ
②大山の前を横切るマガンの群れ
③コハクチョウ

このエリアで見られる時期

● = 夏　● = 冬　無印 = 通年　● = 旅鳥

米子空港方面へ

● マガモ
カルガモ
● ハシビロガモ

P 正門

47

P

ネイチャーセンター
● コハクチョウ
● オナガガモ

彦名東橋
● 観察広場
ジョウビタキ

粟島神社

米子駅方面へ

800m

600

水鳥桟橋

ウラギクの池

つばさ池

● ホシハジロ
● キンクロハジロ

400

● ヒドリガモ
● コガモ

カワセミ

米子水鳥公園

● マガン
● コハクチョウ

200

中海

N

0

探鳥地ガイド | 中国／鳥取県

④春、夏羽のヘラサギが訪れる
⑤ネイチャーセンター外観

DATA

☎0859-24-6139（米子水鳥公園ネイチャーセンター）⑭鳥取県米子市彦名新田665 ㊋開館9時〜17時30分（11〜3月の土日祝日は7時〜）㊟310円 ㊡火曜 ※詳しくは要問合せ Ⓟ正門横駐車場25台、第一駐車場50台（どちらも無料）㊐JR米子駅・米子空港から車で15分程度。車でのアクセスを推奨。タクシーは米子駅にしかいない

周辺情報 周辺には、コハクチョウの採食地である安来平野のほか、飯梨川や日野川の河口でも水鳥が観察できる。時間があれば中国地方最高峰の大山や、日野川の上流のオシドリ観察小屋まで足を延ばしてみるとよい。

宍道湖を一望できる野鳥観察舎がある多自然型公園

宍道湖グリーンパーク

しんじこぐりーんぱーく

ここでみられる♪
ハシビロガモ

◀宍道湖グリーンパーク全景。野鳥観察舎には望遠鏡が備え付けられている

　ラムサール条約の登録湿地、宍道湖に隣接する野鳥観察舎を有した多自然型公園。園内とその周辺は野鳥をはじめとした野生生物の生息空間として機能するよう整備されており、コンパクトだがさまざまな環境から構成されている。

　宍道湖のほとりに建つ野鳥観察舎からは備え付けの望遠鏡で湖上の野鳥たちをじっくり観察することができる。通年ミサゴ、カルガモ、カイツブリなどが見られ、沖合の杭の上で捕らえた魚を食べるミサゴの姿を見られることも多い。また、冬場にはキンクロハジロ、マガモ、コガモなどのカモ類をはじめとする多様な水鳥の姿を見ることができる。

　野鳥観察舎の北側に広がる水田では、通年アオサギやダイサギなどが見られるほか、夏場にはアマサギやチュウサギが飛来する。ま

た、冬の間は地権者の協力のもと湛水水田となっており、時にはコハクチョウやマガン、ヒシクイといった大型水鳥の姿が見られる。

　園内には野鳥が好む実をつける樹木などからなる小さな林があり、通年、キジバトやヒヨドリ、カワラヒワなどが、冬場にはジョウビタキやツグミ、シロハラなども見られる。さらに公園に隣接するビオトープ池ではサギ類やカモ類が見られるほか、春と秋の渡りの時期にはアオアシシギやセイタカシギなどのシギ類が観察されることもある。

　野鳥観察舎内には宍道湖・中海の自然についてのパネル展示のほか、本物とほぼ同じ重さ、大きさの鳥のぬいぐるみをはじめとしたハンズオン展示も充実しており、年齢を問わず楽しみながら宍道湖・中海の自然や野鳥について理解を深めることができる。

ここに暮らす鳥に会えます ▶ 空 低い山や林 草原 湖や沼、池 農耕地干拓地

探鳥アドバイス

ベストシーズン	所要時間の目安
通年。特に冬	約1〜2時間

まずは野鳥観察舎に入り、2階から宍道湖や北側の水田、ビオトープ池などの野鳥の様子を確認してみよう。スタッフが常駐しているので、その場で見られる鳥について聞くことができる。また、1階には宍道湖・中海の自然について紹介するパネル展示があり、そちらも確認するとよい。天気が良ければ屋外に出て、園内の小径を散策しながら小鳥類を探したり、湖岸やビオトープ池、水田の鳥たちを観察するのもおすすめ。

①冬の宍道湖を代表するカモ、キンクロハジロ
②北側の水田で採食するマガン
③沖に立つ杭の上に止まるミサゴ

このエリアで見られる時期

● = 夏
● = 冬
無印 = 通年
● = 旅鳥

▲ 国道431号・湖遊館新駅方面へ

ダイサギ
アオサギ
アマサギ ●
チュウサギ ●
コハクチョウ ●
ヒシクイ ●
マガン ●
タゲリ

ダイサギ
アオサギ
コサギ
カルガモ
カイツブリ
コガモ ●
ハシビロガモ ●
アオアシシギ ●
セイタカシギ ●

ミサゴ
トビ
カルガモ
カイツブリ
カワウ
キンクロハジロ ●
コガモ ●
マガモ ●
ヒドリガモ ●
カモメ ●
セグロカモメ ●
オオバン ●

宍道湖

300m

200

ビオトープ池

P 多目的棟

宍道湖グリーンパーク

野鳥観察舎

宍道湖自然館
ゴビウス

P

100

湖遊館

スズメ
ヒヨドリ
カワラヒワ
キジバト
アオサギ
ツバメ ●
ツグミ ●
シロハラ ●
ジョウビタキ ●

N

0

④秋のビオトープ池で休息するアオアシシギ

DATA
☎ 0853-63-0787（宍道湖グリーンパーク）⊕島根県出雲市園町1664-2 ㊓9時30分〜17時（入館は16時30分まで）㊑無料 ㊡毎週火曜※詳しくはHP参照 Ⓟ9台。宍道湖自然館ゴビウス北側に100台 ⊗出雲空港より車で10分。山陰自動車道宍道ICより車で15分。私鉄一畑電車「湖遊館新駅」で下車、徒歩10分

周辺情報　車で10分ほどのところに斐伊川（ひいかわ）と宍道湖の合流点にあたる「斐伊川河口」があり、砂州や浅瀬、ヨシ原、水田などに暮らすさまざまな野鳥と出会える。

水辺の鳥と瀬戸内海の景色をのんびり楽しむ

八幡川河口・みずとりの浜公園

やはたがわかこう・みずとりのはまこうえん

ここでみられる♪
ヒドリガモ

渡り鳥が訪れる八幡川河口

　広島駅から宮島方面へ向かう中程でこの川を越えると、佐伯区五日市地区に入る。八幡川は同区の湯来町の山々を源流として広島湾に注ぐ二級河川である。河口付近は干潟が広がり、県内有数の水鳥の飛来地として知られている。1987年からの埋立て工事により従来の自然干潟の大部分が消滅したが、同程度の面積の人工干潟が造成され、現在も水辺の生き物でにぎわっている。

　みずとりの浜公園は埋立地に整備された施設で、野鳥観察小屋や複合遊具が備わっている。

　八幡橋から川の右岸を河口に向かってゆっくり歩こう。広々とした景色が広がり、堤防沿いの遊歩道は散歩やジョギングなどを楽しむ市民の憩いの場となっている。干潮時は陸地が広く出現し、水鳥が採餌する姿をじっくり観察できる。春と秋の渡りの時期はシギ・チドリ類、夏はコ

アジサシ、冬はカモ類やカモメ類に出会える。コサギ、アオサギ、カワウ、セキレイの仲間などは通年見られる。上空にはトビ、ミサゴなどの猛禽類も現れる。防波堤の下を覗くと、コンクリートや石にサギ類やシギ類がいるのを見つけられる。冬はカモ類が群れで休んでいて、美しい羽をじっくり観察できる。

　旧堤防に沿って右に進むと、みずとりの浜公園の入口だ。園内には観察小屋があり、ここからも河口の様子が観察できる。この地で見られる鳥の案内板も設置されている。

　新八幡川橋の下をくぐって海側に出てみよう。瀬戸内海の島々、人工干潟、その向こうには宮島が見える。冬なら海にカモがたくさん浮かんでいる。防波堤ではカワウが、時にはミサゴが羽を休めている。海風を感じながら水鳥を眺め、のんびりとした時間を楽しみたい。

ここに暮らす鳥に会えます　 川、河原　 海、海岸港　 空　🏢 住宅地

探鳥アドバイス

ベストシーズン	所要時間の目安
通年	約1〜2時間

シギ・チドリの観察は、事前に潮見表で潮位を確認して、干潮から満潮に向かう時に訪れるとよい。水鳥が驚くので砂浜には入らないようにしよう。日陰がないので、夏は日傘や帽子などが必要。みずとりの浜公園に駐車場はあるが、19時から翌日8時30分まで閉鎖されているので注意が必要。公園内に自販機はない。

①川面を眺めて佇むキアシシギ
②マガモとヒドリガモ。双眼鏡にスマホをあてて撮影
③カワウ。双眼鏡にスマホをあてて撮影

このエリアで見られる時期

●＝夏
●＝冬
無印＝通年
●＝旅鳥

広電修大協創中高前

JR五日市駅

JR山陽本線

広電五日市駅

広島電鉄宮島線

▲宮島方面へ

②

八幡川橋

▲広島方面へ

●コサギ
●アオサギ
●カワウ
●コアジサシ
●カモ類
●カモメ類
●シギ・チドリ類

八幡川

海老山公園

▲海老山山頂

キジバト
ヒヨドリ
メジロ
ムクドリ

みずとりの浜公園

新八幡川橋

P

④みずとりの浜公園の遊歩道

トビ
ミサゴ
カワウ
カモ類
シギ・チドリ類

広島南道路

藤い屋・
（IROHA village）

人工干潟

広島湾

N

0　　　400　　　800　　　1200　　　1600m

\ DATA /

☎082-251-7997（広島港湾振興事務所）
Ⓟ公園駐車場あり（無料）
Ⓐ広島県広島市佐伯区海老山南2丁目
Ⓧ JR山陽本線五日市駅、広島電鉄宮島線広電五日市駅、または修大協創中高前駅から徒歩10分。車↓広島南道路みずとりの浜公園前（北・南）の信号を山側へ

探鳥地ガイド

中国／広島県

周辺情報　近隣の標高53mの海老山（かいろうやま）は公園として整備されており山頂からの眺めがよく、桜の名所。老舗「藤い屋」の工場併設IROHA villageでは焼きたてのもみじまんじゅうが食べられる。

ようこそ 渡り鳥の交差点へ

きらら浜自然観察公園
きららはましぜんかんさつこうえん

ここでみられる♪
クロツラヘラサギ

◀ 山口県立きらら浜自然観察公園を上空より撮影

　山口県立きらら浜自然観察公園は山口市阿知須にある干拓地の一画に立地する公園で、2001年4月に開園。30ヘクタールの園内には干潟・ヨシ原・淡水池・汽水池・樹林帯の5つの環境が整備されている。当園や隣接する山口湾一帯は、シベリアやカムチャツカ半島から日本列島を縦断して東南アジアまでを往来する渡り鳥と、中国大陸から朝鮮半島を経由して日本までを往来する渡り鳥の交差点に位置する。そのため、季節ごとにさまざまな野鳥が渡来、園内では1年間で約140種が観察される。

　特に冬に飛来する野鳥が多く、干潟にはハマシギが500羽ほどの群れで見られ、絶滅危惧種のクロツラヘラサギやズグロカモメも採餌のためにやってくる。また、ヨシ原はオオジュリンやツリスガラといった小鳥類、チュウヒやハイイロチュウヒなどの猛禽類が利用し、淡水池にはマガモやホシハジロなど、数百羽のカモ類が見られる。

　春と秋はさまざまなシギ・チドリ類が渡り途中に干潟を訪れ、干潮時には採餌、満潮時には杭の上や岸辺で休息する様子が見られる。干満に合わせて観察を楽しむことができる。

　初夏になるとオオヨシキリやヒクイナが繁殖のためヨシ原に渡来し、夏から秋にかけてはツバメや、旅鳥のショウドウツバメがヨシ原を集団ねぐらとして利用し、観察会も行われている。

　昆虫や干潟に生息するカニ類なども多く、野鳥以外の生き物を観察する来園者も多い。ビジターセンターにはレンジャーが常駐し、園内や周辺の野鳥や生き物の解説を受けることができる。ホームページには観察速報や観察会などのイベント情報を掲載しているのでぜひチェックしてほしい。

ここに暮らす鳥に会えます 空 草原 低い山や林 湖や沼、池 農耕地干拓地 海、海岸港

探鳥アドバイス

ベストシーズン	所要時間の目安
通年。特に冬	約2時間

ビジターセンターには多くの望遠鏡が設置してあり、淡水池・干潟・汽水池の野鳥を観察できる。堤防沿いにある観察展望棟からは園内だけでなく、周囲の干拓地や土路石川（どろいしがわ）河口、山口湾を見渡すことができる。ビジターセンターから展望棟までは歩いて15分ほど。途中、ヨシ原や樹林帯に生息する野鳥に出会える。園内に飲み物の自販機はあるが飲食店はない。ビジターセンターは当日であれば再入館可。

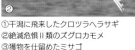

①干潟に飛来したクロツラヘラサギ
②絶滅危惧Ⅱ類のズグロカモメ
③獲物を仕留めたミサゴ

探鳥地ガイド ── 中国／山口県

④カニを捕まえたズグロカモメ ⑤センター内に設置された望遠鏡

このエリアで見られる時期

●＝夏
●＝冬
無印＝通年
●＝旅鳥

土路石川河口
- ミサゴ
- トビ
- カルガモ
- カワウ
- サギ類
- ●クロツラヘラサギ
- ●ズグロカモメ
- ●シギ類
- ●チドリ類

観察展望棟
- セッカ
- ホオジロ
- ホオアカ
- ●オオヨシキリ
- ●ヒクイナ
- ●オオジュリン
- ●ツリスガラ
- ●チュウヒ
- ●サンカノゴイ
- ●シマアジ
- ●ノビタキ
- ●コヨシキリ

樹林帯

- キジ
- セッカ
- ヒバリ
- ホオジロ
- ホオアカ
- トビ
- モズ
- ●ノビタキ
- ●チュウヒ等のタカ類

ヨシ原

干潟
- ミサゴ
- カワウ
- サギ類
- ●クロツラヘラサギ
- ●ズグロカモメ
- ●シギ類
- ●チドリ類

干拓地

樹林帯

きらら浜自然観察公園

淡水池
- カルガモ
- カイツブリ
- マガモ等のカモ類
- オオバン

樹林帯

●ビジターセンター

汽水池
- ミサゴ
- アオサギ
- ダイサギ
- ●ウミアイサ
- ●マガモ

国道190号方面へ
- ウグイス
- ヒヨドリ
- シジュウカラ
- メジロ
- ホオジロ
- モズ
- コゲラ
- キジバト
- ●ジョウビタキ
- ●ツグミ
- ●シロハラ
- ●アオジ

P

樹林帯

きらら博記念公園

山口湾
- ●ウミアイサ
- ●ホオジロガモ
- ●ハジロカイツブリ
- ●カンムリカイツブリ

N

0   200   400   600   800m

╲ DATA ╱

☎0836-66-2030（山口県立きらら浜自然観察公園ビジターセンター）⊕山口県山口市阿知須509-53 働9時～17時（入館16時30分まで）⑭200円（ビジターセンター）※HP参照 ℗134台（大型車4台）⑭月曜（休日の場合は翌日）※HP参照 ⑤JR新山口駅からタクシーで10分

周辺情報　隣接する土路石川河口や山口湾には広大な干潟があり、さまざまな水鳥が飛来する。公園の西側ではチュウヒやキジ、ヒバリといった干拓地の探鳥が楽しめる。

特別名勝の庭園で野鳥観察を楽しむ

栗林公園
りつりんこうえん

ここでみられる♪
ホオジロ

▲飛来峰から南湖と偃月橋、紫雲山を望む

　高松市の中心部に位置する特別名勝「栗林公園」。紫雲山の山裾にあり、400年近い歴史を有する回遊式大名庭園である。園内には大きな池の周りに築山や石、手入れされた1000本以上の松や植栽が配置され、四季を通して多彩な景色を堪能することができる。

　JR栗林公園北口駅近くの北門から入ると芝生広場があり、カラ類やエナガ、キジバトなどが出迎えてくれる。紫雲山からの樹林が続く西湖沿いのエリアは木々の間から鳥たちが姿を見せ、池や水路ではサギ類やセキレイ類、カイツブリ、カワセミなどが見られる。冬から春にかけて、シロハラやツグミ、アオジ、ビンズイなど多くの鳥が採餌に出てくる。時にはルリビタキやクロジ、マヒワやイカルも山から下りてくる。春から夏はウグイスやキビタキ、センダイムシクイがさえずり、ツバメが飛び回る。

　北東側の群鴨池では冬季を中心にカモ類が見られ、芙蓉沼では蓮の葉の間からバンが姿を見せることがある。

　園内の開けた空間に立って紫雲山の上空を見てみよう。タイミングが良ければミサゴや他のタカ類が舞う姿を見られるだろう。

　整備された園内は歩きやすく、鳥との距離も近い。双眼鏡だけで十分に野鳥観察が楽しめる公園である。トイレや休憩施設も整っており、野鳥観察と合わせて庭園内の景観もじっくりと楽しみたい。

　なお、日本野鳥の会香川県支部では毎月第2日曜に探鳥会を開催している。北門芝生広場がスタート地点（9：30〜11：30・雨天決行）なので興味のある人は参加してみるとよい。

ここに暮らす鳥に会えます 空 低い山や林 湖や沼、池 住宅地 ビル街

探鳥アドバイス

ベストシーズン	所要時間の目安
通年。特に冬	約2時間

おすすめは公園西側の紫雲山に接する樹林帯～西湖～南湖エリア。群鴨池まで巡るコースを反時計回りで2時間くらい。水辺の鳥やメジロ、カラ類、エナガなどが見つけやすい。冬には林の木々や地面にも目を向けてみよう。南湖では周遊和船があり水面からの景観が楽しめる。園内にはカフェ、茶屋、物産館などがあり、花園亭では冬に讃岐名物「あん餅雑煮」が登場。

①春には梅林でメジロが動き回る
②水辺で採餌するキセキレイ
③林間から出てきたシロハラ

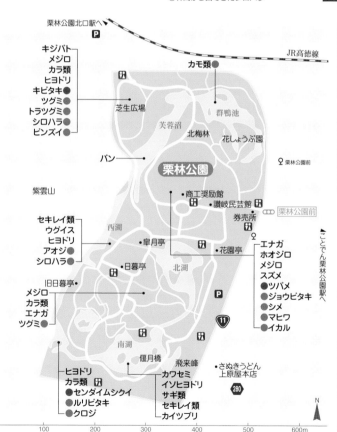

栗林公園北口駅へ

P

JR高徳線

キジバト
メジロ
カラ類
ヒヨドリ
キビタキ ●
ツグミ ●
トラツグミ ●
シロハラ ●
ビンズイ ●

芝生広場

カモ類 ●

群鴨池

芙蓉沼

北梅林

花しょうぶ園

♀ 栗林公園前

バン

栗林公園

紫雲山

商工奨励館
讃岐民芸館
券売所

栗林公園前

セキレイ類
ウグイス
ヒヨドリ
アオジ ●
シロハラ ●

西湖

掬月亭

♂
花園亭

エナガ
ホオジロ
メジロ
スズメ
● ツバメ
● ジョウビタキ
● シメ
● マヒワ
● イカル

日暮亭

北湖

旧日暮亭

メジロ
カラ類
エナガ
ツグミ ●

P

11

ことでん栗林公園駅へ

南湖

偃月橋

飛来峰

さぬきうどん
上原屋本店

280

ヒヨドリ
カラ類
● センダイムシクイ
● ルリビタキ
● クロジ

カワセミ
イソヒヨドリ
サギ類
セキレイ類
カイツブリ

N

| 0 | 100 | 200 | 300 | 400 | 500 | 600m |

このエリアで見られる時期

● = 夏

● = 冬

無印 = 通年

● = 旅鳥

④カワセミ ⑤アオサギ

探鳥地ガイド──四国／香川県

DATA

☎ 087-833-7411（栗林公園観光事務所）

⊕ 香川県高松市栗林町1丁目20番16号

Ⓟ 営栗林公園北門・東門駐車場、民営駐車場 ⊕ 410円

Ⓐ 栗林公園北口駅から徒歩3分、JR高徳線栗林公園駅から徒歩10分、JR高松駅からことでんバス栗林公園前下車すぐ。高松中央ICから車で15分

Ⓙ

周辺情報　公園周辺には有名な讃岐うどんの店が数店舗ある。高松中央商店街ではご当地グルメ「骨付鳥」を提供する店が多数ある。高松港から小豆島や離島への観光もおすすめ。冬～春に瀬戸内の海でアビ類やカイツブリ類が観察できる。

177

瀬戸内海西端に残された広大な干潟

曽根干潟

そねひがた

曽根臨海公園付近より曽根干潟を望む。干潮時には広い干潟が出現する

瀬戸内海に面した干潟の中では最大規模を誇る。竹馬川・大野川・貫川・朽網川の4河川が流入しており、最干潮時には約517ヘクタールにも及ぶ広大な干潟が出現する。春と秋にシギ・チドリ類が渡りの中継地として利用するほか、冬にはダイシャクシギなどが越冬する様子も観察することができる。

広いためポイントを絞りにくいが、おすすめのコースは2つ。1つは、干潟の北側、曽根臨海公園を起点としたコースだ。公園から階段で下の道に降りると、海岸線に沿って貫川河口まで歩けるので往復してみよう。干潟が出現していれば、この道沿いで多くの鳥たちを見ることができる。通年、観察可能なのはトビ、ミサゴ、アオサギ、ダイサギ、コサギ、カルガモ、ハシボソガラスなどだ。冬はここで200羽以上のズグロカモメが越冬する。カニなどを狙って乱舞する様は圧巻だ。また、一心不乱に採食するツクシガモやクロツラヘラサギも比較的容易に見ることができる。一方、陸側にはクリークがあり、コガモなどが見られる。

曽根臨海公園すぐ下のエリアにはヨシ原があり、初夏にはオオヨシキリも観察できる。公園の管理棟内には干潟の紹介コーナーもある。

もう1つは、干潟の南側、曽根干潟観察公園を起点として往復するコースだ。こちらは朽網川河口に沿って遊歩道が整備されている。歩いて行ける距離に野鳥観察舎があり、遊歩道沿いには干潟の解説板やベンチも置かれている。途中、少しだけ車道沿いに歩かなければならないところがあり、注意しよう。

干潟に目を凝らすのに疲れたら、座ってカワラヒワなどの小鳥の観察を楽しむのもよいだろう。

ここに暮らす鳥に会えます 空 草原 湖や沼、池 農耕地干拓地 海、海岸港

ベストシーズン	所要時間の目安
春・秋・冬	約2時間

双眼鏡を持参したい。潮の干満に
よってコースを選択するとよい。
比較的潮が満ちているときは曽根
臨海公園を起点に観察するのがお
すすめ。潮が大きく引いていると
きは鳥も遠くなるので、より干潮
線に近い曽根干潟観察公園の遊歩
道から、波打ち際の鳥を観察する
とよいだろう。どちらの公園にも
自販機とトイレがある。2つの公園
は少し離れているため、公園間の
移動には車が便利。

①ズグロカモメ（冬羽）
②採食するクロツラヘラサギ

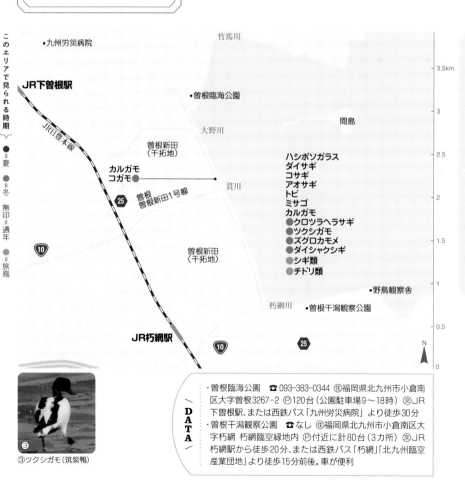

このエリアで見られる時期

● ＝夏　● ＝冬　無印＝通年　● ＝旅鳥

・九州労災病院
JR下曽根駅
JR日豊本線
竹馬川
・曽根臨海公園
大野川
間島
曽根新田（干拓地）
カルガモ
コガモ
貫川
25 曽根曽根新田1号線
ハシボソガラス
ダイサギ
コサギ
アオサギ
トビ
ミサゴ
カルガモ
●クロツラヘラサギ
●ツクシガモ
●ズグロカモメ
●ダイシャクシギ
●シギ類
●チドリ類
10
曽根新田（干拓地）
・野鳥観察舎
朽網川
・曽根干潟観察公園
JR朽網駅
10
25
N

3.5km
3
2.5
2
1.5
1
0.5
0

③ツクシガモ（筑紫鴨）

DATA

・曽根臨海公園　☎093-383-0344　⊕福岡県北九州市小倉南
区大字曽根3267-2　Ⓟ120台（公園駐車場9〜18時）Ⓧ JR
下曽根駅、または西鉄バス「九州労災病院」より徒歩30分
・曽根干潟観察公園　☎なし　⊕福岡県北九州市小倉南区大
字朽網 朽網臨空緑地内　Ⓟ付近に計80台（3カ所）Ⓧ JR
朽網駅から徒歩20分、または西鉄バス「朽網」「北九州臨空
産業団地」より徒歩15分前後。車が便利

周辺情報　2億年前からほとんど形を変えず、生きた化石と言われるカブトガニも干潟に生息している。曽根干潟
一帯ではカキの養殖も行われており、ブランド水産物「豊前海一粒かき」を食べられる店がある。

固有種に出会える遊歩道の整備された森林

奄美自然観察の森

あまみしぜんかんさつのもり

ここでみられる♪
ルリカケス

▶入口の駐車場。ここに車をとめて、遊歩道に沿って園内へ入ろう

　正式名称は奄美群島国立公園「奄美自然観察の森」である。照葉樹林に覆われた奄美大島だが、森の中へ入っていける場所は意外と少ない。このため遊歩道をのんびり歩きながら奄美の森林性の野鳥をひと通り観察できるスポットを紹介したい。

　野鳥観察は朝がいい。ビジターセンター「森の館」そばの駐車場に車をとめて、公園の南側入口をくぐろう。「森の広場」「シイノキ広場」を経て、池のそばの「野鳥観察施設」を目指すとよい。ここはルリカケスやアカヒゲ、リュウキュウキビタキなどが水浴びに訪れるポイントなので、しばし粘って観察したい。

　続いて、「ドラゴン砦」へ向かうのがおすすめのコース。時間をかけて探索すればオーストンオオアカゲラやオオトラツグミといった固有種のほか、ヤマガラやコゲラ、リュウキュウサンショウクイな

どの留鳥、4月から9月なら夏鳥のリュウキュウアカショウビンが姿を現してくれるかもしれない。

　砦に上がって、ズアカアオバトの尺八のような声を聞きながら森を見渡せば、樹冠を飛び回るルリカケスの姿が期待できる。森床では案外地味に見えるこの鳥も、陽光を浴びると目をみはるほど美しい。9月後半ならばアカハラダカの南下する群れを、冬場ならば越冬中のサシバを観察するのに適している。

　この森は夜も楽しい。「森の広場」ではリュウキュウコノハズクが見やすいし、池ではオットンガエルやアマミアオガエルなどのカエルも鳴いている。夏はキイロスジボタルという小さなホタルも多い。

　周辺の林道脇の草地を丹念に探せばきっとアマミヤマシギがいるはずだ。運が良ければアマミノクロウサギに出会えるかもしれない。

　ここに暮らす鳥に会えます　低い山や林　空

探鳥アドバイス

ベストシーズン	所要時間の目安
通年	約3時間

「野鳥観察施設」と「ドラゴン砦」がおすすめだが、時間をかけて園内を散策すると、いろんな鳥に遭遇する確率が上がる。アカヒゲは鳴き声を頼りに近づいて、気長に待つとよい。少ないとはいえハブの危険はあるので、足元には注意を払い、決して遊歩道を外れないこと。園内で食事はできないので、持参した弁当などを食べる場合は「森の館」内のスペースで。トイレは「森の館」とバス駐車場にある。

①鹿児島県の県鳥ルリカケスはこの森のシンボル
②姿を見つけにくいアカヒゲはじっくり粘って探す

③池近くの野鳥観察施設

このエリアで見られる時期

● = 夏
● = 冬
無印 = 通年
● = 旅鳥

奄美自然観察の森

ルリカケス
サシバ
アカヒゲ
オーストンオオアカゲラ
オオトラツグミ
リュウキュウアカショウビン●
ルリカケス
アカヒゲ
リュウキュウコノハズク
・パノラマ砦

・ドラゴン砦
北側入口 P
展望デッキ
・野鳥観察施設
森の広場　ピクニック園地
南側入口　・森の館
P

N

名瀬・本龍郷方面へ

0　　200　　400　　600m

\ DATA /

☎0997-54-1329〈奄美自然観察の森〉 ⊕鹿児島県大島郡龍郷町円1193 ㊟無料、展示室100円 Ⓟあり ⊗車↓奄美空港から30分、名瀬の中心から40分。公共交通機関は少なく、しまバス「本龍郷入口」バス停から徒歩で約45分。レンタカーかタクシーが望ましい

都市の中に残されたマングローブ広がる干潟

漫湖
まんこ

ここでみられる♪
アカショウビン

◀ とよみ大橋から望む漫湖南岸の干潟。青い空とマングローブのコントラストが美しい

　国場川と饒波川が合流する河口に位置する漫湖は、沖縄県で初めてラムサール条約に登録された干潟である。潮の干満の影響を受ける漫湖には本島南部最大級のマングローブ林が広がり、干潮時には約50ヘクタールの泥干潟が現れる。都市の中の湿地とは思えないほど多種多様な魚介類や底生生物が生息し、豊富なエサ資源を求めてさまざまな渡り鳥が飛来する。コサギやダイサギ、カワセミ等は年間を通して見られるほか、マングローブ林内にはヒヨドリやメジロなどの小鳥類も多い。

　秋から春にかけてはアカアシシギやキアシシギ、ムナグロ等のシギ・チドリ類を中心とした多くの渡り鳥が飛来する。特に飛来数のピークを迎える9〜11月は、夏羽・冬羽の入り混じる水鳥の姿が観察できる。また、クロツラヘラサギやソリハシセイタカシギといった珍しい種も毎年、少数が飛来する。夏場は比較的野鳥が少ないが、4〜7月にかけてアジサシ類が飛来する。満潮時には水中の小魚を狙うコアジサシ、干潮時には干潟のカニを狙うクロハラアジサシの姿が見られるので、採餌の仕方の違いを観察しよう。

　野鳥観察には漫湖南岸に架かる、とよみ大橋と、橋のすぐそばにある漫湖水鳥・湿地センターがおすすめ。とよみ大橋からは干潟全体が見渡せるほか、干潟のあちこちで鳴き交わす鳥たちの声も楽しめる。センターには展望デッキやマングローブ林内を散策できる木道が整備されている。漫湖の自然や歴史を紹介する展示や野鳥観察会等のイベントもあるほか、漫湖周辺の野鳥に関する最新の情報を教えてもらえる。

ここに暮らす鳥に会えます　🌲 低い山や林　〰 川、河原　🏙 住宅地　〰 海、海岸港

①クロツラヘラサギ。漫湖水鳥・湿地センターの木道から観察できる
②イソシギ。満潮時、マングローブの林に憩う

このエリアで見られる時期

●＝夏　●＝冬　無印＝通年　●＝旅鳥

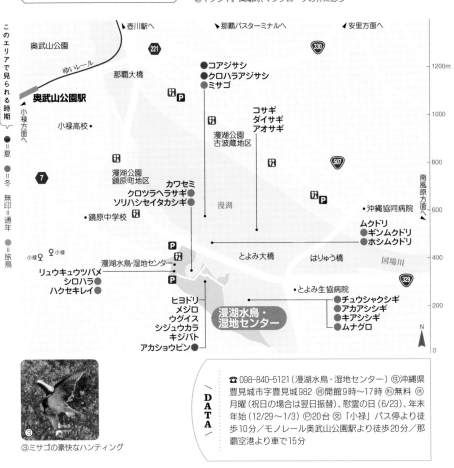

壺川駅へ　　那覇バスターミナルへ　　安里方面へ

奥武山公園
ゆいレール
221
那覇大橋
奥武山公園駅
小禄方面へ
小禄高校
330

コアジサシ
クロハラアジサシ
ミサゴ

コサギ
ダイサギ
アオサギ

漫湖公園
古波蔵地区

漫湖公園
鏡原町地区
7
カワセミ
クロツラヘラサギ
ソリハシセイタカシギ
鏡原中学校

漫湖

507
南風原方面へ

沖縄協同病院

ムクドリ
ギンムクドリ
ホシムクドリ

とよみ大橋　　はりゅう橋　　国場川

漫湖水鳥・湿地センター

リュウキュウツバメ
シロハラ
ハクセキレイ

小禄　小禄

ヒヨドリ
メジロ
ウグイス
シジュウカラ
キジバト
アカショウビン

漫湖水鳥・湿地センター

とよみ生協病院

チュウシャクシギ
アカアシシギ
キアシシギ
ムナグロ

329

N

1200m
1000
800
600
400
200
0

③ミサゴの豪快なハンティング

DATA

☎098-840-5121（漫湖水鳥・湿地センター）㊟沖縄県豊見城市字豊見城982 ㊟開館9時～17時 ㊟無料 ㊟月曜（祝日の場合は翌日振替）、慰霊の日（6/23）、年末年始（12/29～1/3）㊟20台 ㊟「小禄」バス停より徒歩10分／モノレール奥武山公園駅より徒歩20分／那覇空港より車で15分

周辺情報　豊見城市与根の遊水池、通称"三角池"では1年を通してさまざまな野鳥を間近で観察できる。最寄りのバス停「具志営業所」「友愛医療センター」から徒歩。但し、本数が限られるので注意。

大海原を滑空する海鳥に会いに行く

大洗〜苫小牧航路（商船三井さんふらわあ 深夜便）

　茨城県の大洗港から北海道苫小牧港はフェリーにより約20時間で結ばれている。旅客や乗用車の移動、貨物輸送に利用されており、首都圏と北海道を結ぶ海の玄関口となっている。約20時間の移動時間の中で、海鳥を観察できる明るい時間帯が多くとれる深夜便を利用し、海鳥ウォッチングを楽しもう。

　乗船手続きの時間を考えて、大洗港フェリーターミナルへ22:00頃、到着。乗船案内に従い、乗船後は船室で翌日の準備をして就寝する。

　洋上での観察は、普段野外でバードウォッチングをする服装と異なり、必要なものがある。靴（防水）、セパレートレインウェア、パッカブルダウンジャケット、帽子（ツバ付きとニット帽）、手袋等である。春や秋、朝晩など海上を吹く風は思いのほか冷たく、波飛沫がかかったりするので防寒と防水対策は必須。

　また甲板での長時間の観察には、船体の揺れの状況によるが、折り畳み椅子を持参すると便利である。

　翌朝8:00頃に牡鹿半島の沖合に浮かぶ金華山沖から海鳥が多く出現し始め、16:45頃に本州最北端の地である尻屋崎沖まで観察が楽しめる。

　春はアホウドリ類、ミズナギドリ類、ヒレアシシギ類。秋はアホウドリ類、ミズナギドリ類、秋の渡りの小鳥やハクチョウ、ガン・カモ類が見られる。アホウドリはさまざまな年齢の個体を見るチャンスがあり、この航路の魅力の一つでもある。

　この航路では約9時間、観察を続けることができるが、自分の体調とも相談し無理は禁物だ。船内には自動販売機（軽食あり）や展望浴場もある。船酔いする人は酔い止め薬を飲んだほうがいいだろう。

大洗～苫小牧航路

● 札幌

苫小牧港

● 尻屋崎

● 青森

● 盛岡

● 仙台　● 金華山

● 福島

● 宇都宮

大洗港

● 東京

この航路で見られる
代表的な野鳥
・コアホウドリ、
・クロアシアホウドリ
・オオミズナギドリ、
・ハシボソミズナギドリ
・ハイイロミズナギドリ

海上観察スタイル（6月）

①オオミズナギドリ、カマイルカの群れ
②アホウドリ（若鳥 1～2歳）
③コアホウドリの飛び出し
④ハイイロヒレアシシギの群れ

商船三井さんふらわあ　大洗港フェリーターミナル
☎029-267-4133　㊟茨城県茨城郡大洗町港中央2
Ⓟあり　㊟JR品川駅発、常磐線水戸駅で鹿島臨海鉄道に乗り換えて大洗駅下車。品川～水戸駅は特急ひたち号で約83分、水戸駅～大洗駅は約15分。大洗駅からは茨城交通が運行するバス「大洗海遊号」、もしくはタクシーで約5分

乗船予約：2カ月前の同日（日曜・祝日・12/31～1/4の場合は翌営業日）の午前9時より

DATA

探鳥アドバイス

ベストシーズン

春・秋がおすすめ

所要時間の目安

約9時間

観察する場所は太陽の位置と反対側の、順光側の甲板。太陽側は海面が反射し、逆光となるので鳥が黒いシルエットになる。曇りであれば風が弱くて観察がしやすい方、右舷と左舷のどちらでもOK。ただし強風や波が高い時は立ち入らないほうが無難。甲板が閉鎖される場合は船員の指示に従い、マナーを守ろう。また、船酔いの心配がある人は酔い止め薬を忘れずに。

世界旅行気分を味わえる
動物園にも行ってみよう！

　動物園というと「子どもが行くところ」と思われがちですが、身近に鳥を観察できる絶好の場所、教科書のような所です。

　野生の鳥は、自由に空を飛びまわったり、水に潜ったり、じっとしてはいません。野鳥観察は「鳥の暮らしをそっと覗かせてもらう」のが基本なので、適度な距離を保つことが必要です。ですから体の仕組みや鳥それぞれの特徴など、なかなか野生の鳥だけで理解を深めるのは難しい面もあります。

　そんな時はぜひ、お近くの動物園まで行ってみてください。だいたいの動物園にその園の"推し"の野鳥が飼われています。例えば、東京・恩賜上野動物園では、動かないことで有名なハシビロコウや、童謡に謳われているワライカワセミ、某チョコレートのシンボルバードのモデルとなったオニオオハシなどが飼育されています。いずれもアフリカや南アメリカなど遠いところが原産の鳥で、現地に行っても観られる確約はありません。また、奄美大島に生息するルリカケスや、北海道で繁殖しているタンチョウなどもいて、動物園に行くだけで鳥を探して旅しているようなウキウキした気分が味わえます。

　野鳥が逃げないための檻や展示のためのガラスは、実は鳥にとっても距離を置きたいヒトとのバリアになっています。バリアがあるから間近で野鳥をじっくり観ることができるのです。

　飼育下では、天敵に脅かされることもなく、餌も確実に食べることができるので、鳥もリラックスしています。これも、じっくり観察できる理由です。この「じっくり」が野外では難しいのですから。

　至近距離で観る野鳥は、発見や気づきの連続。羽の一枚一枚の重なりや色を、足の皮膚や指や爪の様子を、美しい冠羽や尾羽をずっと観ていられるのは、鳥好きの人間にとってはたまらない魅力です。

①ハシビロコウ
体長120cm／生息地：アフリカ中部〜東部の湿地

②ベニフラミンゴ
体長140cm／生息地：カリブ海周辺、ガラパゴス島の水辺

③オウサマペンギン
体長95cm／生息地：大西洋、亜南極圏の島々

④インドクジャク
体長230cm／生息地：インド・スリランカ周辺

⑤コンゴウインコ
体長96cm／生息地：中南米の熱帯林

⑥オニオオハシ
体長65cm／生息地：ブラジル周辺の森林

⑦チャムネエメラルドハチドリ
体長10cm／生息地：ペルー・エクアドルの森林

⑧ライラックニシブッポウソウ
体長40cm／生息地：アフリカ南部アラビア半島の草原地帯

© (公財)日本野鳥の会 編 『ぬりえでバードウォッチング』

　1973年に締結されたワシントン条約は「絶滅の恐れのある野生動植物の種の国際取引に関する条約」です。むやみな動物の売買は国際法で禁じられるようになりました。動物園では、これらの希少な動物や鳥たちをただ飼育・保護するだけでなく、繁殖や、病気、ケガなどにも対応しながら、探究しています。

　また、園内ガイドツアーや様々な展示を通じて、理解を深める取り組みをしている動物園も少なくありません。おしゃれなカフェやミュージアムショップを併設しているところもたくさんあります。

　そう、動物園は大人の遠足にふさわしい場所なのです。

野鳥観察の基礎用語

バードウォッチングは初心者でも、特別な知識がなくても

もちろん楽しめますが、図鑑やガイドに出てくる用語を知っておくと

現地で鳥を見たときに識別しやすくなります。

ここでは、初心者のためのごく基本的な用語を取り上げます。

か 滑空 〔かっくう〕

グライダーのように羽ばたかずに飛ぶこと。

さ さえずり

繁殖期に雄が出す声。「雌を呼ぶ」「なわばりを宣言する」という意味がある。

飼育 〔しいく〕

野鳥をペットのように飼うこと。野鳥の飼育は法律によって禁止されている。

種 〔しゅ〕

生物を系統学的に分類し、進化の観点から理解するための最も基本的な単位。鳥類は目＞科＞属＞種に分けられる。1つの種には共通した形態・習性があり、遺伝学的にも同一性のある生物集団（個体群）。また、亜種は、種を細分化した分類学上の単位。地域により羽色に違いがある。

地鳴き 〔じなき〕

さえずり以外の鳴き方。1年中、雌雄ともに出し、さえずりより単純なのが一般的。

成鳥 〔せいちょう〕

おとなの鳥。成長によって、それ以上羽の色が変わらなくなった鳥。小鳥の多くは1年で成鳥となる。

た 旅鳥 〔たびどり〕

秋と春の渡りの時期に見られる鳥。春に日本列島を北上して北の国で繁殖、秋に南下して南の国で越冬する。但し、渡りの習性は地域によって違うこともあり、たとえば北海道で繁殖し、本州以南で冬を越すオオジュリンは、北海道では夏鳥、本州以南では冬鳥になる。

鳥獣保護区 〔ちょうじゅうほごく〕

国や都道府県が指定し、調査・管理を行う。狩猟は禁止。特別保護地区では建築、埋め立て、伐採等は許可制。

停飛 〔ていひ〕

低空飛翔、ホバリング。羽ばたきながらヘリコプターのように空中に留まること。

な 夏鳥 〔なつどり〕

春〜夏に見られる鳥。春に南の国から渡ってきて繁殖し、秋に南の国に帰る。

夏羽 〔なつばね〕

秋冬とは異なる羽になる場合の呼び方。繁殖羽とも呼ばれ、冬羽より目立つ（例外もあり）。

は 波状飛行 〔はじょうひこう〕

横から見ると、波を描くように上下しながら飛ぶこと。

188

帆翔〔はんしょう〕

上昇気流にのって長い間、滑空すること。

繁殖期〔はんしょくき〕

子育ての時期。日本のような北半球の温帯に住む鳥の多くは春〜夏の期間。

漂鳥〔ひょうちょう〕

国内を季節などによって移動する種。比較的短い距離で、山から低地へ移動したり、秋に北から南へ移動したりする鳥。

冬鳥〔ふゆどり〕

秋〜冬に見られる鳥。北の国で繁殖したあと、日本に秋に渡ってきて冬を越し、春に北の国に帰る。

冬羽〔ふゆばね〕

夏羽とは異なる羽になる場合の呼び方。夏羽より地味。

や 幼鳥〔ようちょう〕

こどもの鳥。鳥の多くは生後、夏から秋に羽が抜け換わる（第1回冬羽）と、成鳥と似た姿になる。翌年の春まで生き延びると繁殖を始めるが、なかには繁殖まで数年を要

するもの、成鳥の羽色になる前に繁殖するものもいる。

ら ラムサール条約〔らむさーるじょうやく〕

特に水鳥の生息地として国際的に重要な湿地に関する条約。締約国は特に重要な湿地を登録して保全を行い、日本には53カ所の条約湿地がある（2021年11月時点／環境省HP）。

留鳥〔りゅうちょう〕

年間を通して同じ地域で生息している鳥で、その地域で繁殖する。但し、一概に移動しないとは言えず、スズメのような留鳥でもその年に生まれた鳥が秋に長距離を移動することもある。

わ 若鳥〔わかどり〕

幼鳥から成鳥の羽色になる途中段階の鳥。厳密な定義はなく、サギ、カモメ、タカの仲間などで、成鳥の羽色になるまで2年〜数年かかる場合にこの表現を用いる。

ワシントン条約〔わしんとんじょうやく〕

絶滅のおそれのある野生動植物の種の国際取引に関する条約。希少な野生動植物が絶滅するのを防ぐため、指定種の輸出入を規制する。

参考文献（谷口高司　著作・作画一覧）

(公財)日本野鳥の会『新 山野の鳥』『新 水辺の鳥』改訂版　絵
(公財)日本野鳥の会『フィールドガイド日本の野鳥』
東洋館出版社『大人のためのバードウオッチング入門』
東洋館出版社『絶滅危惧種　日本の野鳥』
文一総合出版『"タマゴ式" 鳥絵塾』『新 "タマゴ式" 鳥絵塾』
JTBパブリッシング『図鑑と探鳥地ガイドでまるごとわかる
　　　　　　バードウオッチング』
根室市・根室市観光協会『根室の野鳥ミニ図鑑』

野鳥図鑑索引

図鑑編 p28-74、186-187に掲載している
鳥を50音順にまとめています。

もっと知りたい人のために！

野鳥観察本のロングセラー

バードウォッチャー必携の書と言われ、
長年ハンディ図鑑として支持されている。

新 **山野の鳥**〔改訂版〕　　新 **水辺の鳥**〔改訂版〕

解説：安西英明／絵：谷口高司　　解説：安西英明／絵：谷口高司
発行：公益財団法人 日本野鳥の会　　発行：公益財団法人 日本野鳥の会

大人の遠足 Book+

はじめての野鳥観察

2024年1月15日　初版印刷
2024年2月 1日　初版発行

編集人　　志田典子

発行人　　盛崎宏行

発行所　　JTBパブリッシング
　　　　　〒135-8165
　　　　　東京都江東区豊洲5-6-36
　　　　　豊洲プライムスクエア11階

編集・制作　ライフスタイルメディア編集部

編集内容や、商品の乱丁・
落丁のお問合せはこちら

https://jtbpublishing.co.jp/contact/service/

JTBパブリッシング お問合せ 🔍

▽ ▽ ▽ ▽ ▽ ▽ ▽ ▽ ▽ ▽ ▽ ▽

※本書掲載のデータは2023年11月末日現在のものです。
※鳥は季節や気象条件等によって観察できない場合があります。
※発行後に、料金、営業時間、定休日等の営業内容が変更になることや、臨時休業で利用できない場合があります。最新情報は事前にご確認ください。本書に掲載された内容による損害などは、弊社で補償いたしかねますので、あらかじめご了承ください。
※本書の編集にあたり、多大なるご協力いただきました関係各位に、厚く御礼申し上げます。

監修・絵	谷口高司	
巻頭写真・文	Kankan	
執筆	谷口りつこ	
	東淳樹／有田茂生／飯田直己	
	飯田敏子／伊崎実那／伊豆川哲也	
	岩西哲／上田秀雄／梅村幸稔	
	大久保香苗／大塚之稔／大西敏一	
	大畑孝二／岡部悟／小山文子	
	神谷要／紙谷とき／久下直哉	
	弦間一郎／小林博隆／四ノ宮泰雄	
	四ノ宮楡里／嶋村早樹／染谷実紀	
	平良小百合／髙木正興／鷹野圭太	
	橘淳子／立谷正樹	
	田中一彦／田村智恵子／出口翔大	
	寺山綾乃／寺本明広／鳥飼否宇	
	内藤明紀／仲田桂祐／中原亨	
	永光智之／成海信之／伴義之	
	藤田泰宏／槇優貴子／三島隆伸	
	村上修／室井恵一／安原啓行	
	和歌月里佳	
編集	オフィス福永	
校正	オフィス・アンド	
編集協力	関係各施設	
	(公財)日本野鳥の会	
	興和オプトロニクス	
	モンベル	
	文一総合出版	
	ベクトル	
	NPO法人 南港ウェットランドグループ	
	大山晶子／木下登志子／郷明暁美	
	兒玉賢治／古南幸弘／高田博	
	竹内直人／新實豊／平軍二	
写真協力	関係各施設／東淳樹／橘淳子	
	安原啓行／pixta	
カバー・大扉デザイン		
	トッパングラフィックコミュニケーションズ(浅野有子)	
本文デザイン	BEAM	
	WHITELINE GRAPHICS CO.	
地図制作	ロードランナー	
組版・印刷	TOPPAN